Steffen Augustin

Struktur und Funktionsmechanismus der mitochondrialen m-AAA-Protease

Steffen Augustin

Struktur und Funktionsmechanismus der mitochondrialen m-AAA-Protease

Aufklärung des Arbeitsprinzips eines molekularen Motors

Südwestdeutscher Verlag für Hochschulschriften

Impressum / Imprint
Bibliografische Information der Deutschen Nationalbibliothek: Die Deutsche Nationalbibliothek verzeichnet diese Publikation in der Deutschen Nationalbibliografie; detaillierte bibliografische Daten sind im Internet über http://dnb.d-nb.de abrufbar.

Bibliographic information published by the Deutsche Nationalbibliothek: The Deutsche Nationalbibliothek lists this publication in the Deutsche Nationalbibliografie; detailed bibliographic data are available in the Internet at http://dnb.d-nb.de.

Coverbild / Cover image: www.ingimage.com

Verlag / Publisher:
Südwestdeutscher Verlag für Hochschulschriften
ist ein Imprint der / is a trademark of
OmniScriptum GmbH & Co. KG
Heinrich-Böcking-Str. 6-8, 66121 Saarbrücken, Deutschland / Germany
Email: info@svh-verlag.de

Herstellung: siehe letzte Seite /
Printed at: see last page
ISBN: 978-3-8381-1167-4

Zugl. / Approved by: Köln, Universität, Dissertation, 2008

Inhaltsverzeichnis

1 Einleitung

Proteasen erfüllen essenzielle Funktionen bei der zellulären Homöostase. Als Teil des Qualitätskontrollsystems bauen sie fehlgefaltete Polypeptide ab und verhindern dadurch deren Akkumulation und mögliche schädliche Effekte auf zelluläre Aktivitäten. Gleichzeitig kontrollieren sie zentrale zelluläre Prozesse durch ihren Einfluss auf die Stabilität regulatorischer Proteine. Obwohl proteolytische Prozesse *per se* nicht energieabhängig sind, funktionieren viele Proteasen ATP-abhängig. Sie assemblieren zu oligomeren Komplexen, die aus mehreren Untereinheiten mit ATPase- und proteolytischer Aktivität bestehen. Diese molekularen Maschinen entfalten Substratproteine und translozieren sie in die proteolytische Kammer, wo der Abbau zu Peptiden erfolgen kann. Die ATPase-Domänen ATP-abhängiger Proteasen sind konserviert. Enzyme, die ATPase-Domänen dieses Typs beinhalten, werden unter dem Sammelbegriff AAA$^+$-Proteine („ATPases Associated with a variety of cellular Activities") zusammengefasst.

1.1 AAA$^+$-Proteine

Sowohl in Prokaryonten als auch in Eukaryonten spielen AAA$^+$-Proteine in einer Vielzahl zellulärer Prozesse eine entscheidende Rolle. Sie sind nicht nur an der Entfaltung, Disaggregation und dem Abbau von Proteinen, sondern auch an der Replikation, Rekombination und Transkription von DNA beteiligt (Ogura and Wilkinson, 2001). Darüber hinaus fungieren sie als Motorproteine und erfüllen Funktionen bei der Zellteilung und Membranfusion. AAA$^+$-Proteine gehören zur Familie der sogenannten P-Schleifen-NTPasen; diese sind durch den Besitz zweier Motive charakterisiert: Ein konserviertes Nukleotidphosphat-Bindemotiv, die P-Schleife oder auch Walker-A-Motiv, und eine variablere Region, das Walker-B-Motiv (Walker *et al.*, 1982). Die P-Schleifen-NTPasen können in zwei strukturelle Gruppen eingeteilt werden, die KG- (Kinase-GTPasen) und die ASCE-Gruppe („Additional Strand Catalytic E"), die sich durch die Anordnung der β-Stränge im β-Faltblatt der NTPase-Domänen und Variationen in der Konsensussequenz des Walker-B-Motivs unterscheiden (Leipe *et al.*, 2003). Diese Gruppen können nochmals in mehrere Untergruppen unterteilt werden (Leipe *et al.*, 2004). Eine der wichtigsten Untergruppen der ASCE-Gruppe stellen die AAA$^+$-Proteine dar (Leipe *et al.*, 2004). AAA$^+$-Proteine zeichnen sich durch den Besitz hochkonservierter ATPase-Domänen (AAA$^+$-Domänen) aus, die in oligomere Ringe assemblieren können. Durch ATP-Bindung und -Hydrolyse in ATP-Bindungstaschen, die sich zwischen den AAA$^+$-Domänen der Untereinheiten befinden, vollziehen AAA$^+$-Proteinkomplexe Konformationswechsel, um Substrate umzugestalten oder deren Translokation zu vermitteln (Erzberger and Berger, 2006).

Eine Unterfamilie der AAA$^+$-Familie ist die AAA-Familie. AAA-Proteine weisen zusätzlich zu den Walker-A und Walker-B-Motiven, die für die ATP-Bindung bzw. -Hydrolyse essenziell sind, ein konserviertes SRH-Motiv („Second Region of Homology") in der AAA$^+$-Domäne auf. Dieses beinhaltet zwei Arginin-Finger, die an der ATP-Hydrolyse in der Nachbaruntereinheit beteiligt sind (Karata *et al.*, 1999; Ogura *et al.*, 2004). Aufgrund dieser strukturellen Unterschiede zur AAA$^+$-Domäne anderer AAA$^+$-Proteine wird die ATPase-Domäne der AAA-Proteine als AAA-Domäne bezeichnet.

Einige AAA$^+$-Proteine, wie z.B. HslU, besitzen nur eine AAA$^+$-Domäne pro Untereinheit; dagegen beinhalten andere, wie etwa Cdc48, zwei AAA$^+$-Domänen. Sind zwei AAA$^+$-Domänen vorhanden, so spricht man von Klasse-I-Proteinen, wohingegen man Proteine mit einer AAA$^+$-Domäne Klasse-II-Proteine nennt. Die beiden ATPase-Domänen von Klasse-I-Proteinen werden als D1- und D2-Domäne bezeichnet. Mutationsanalysen von Klasse-I-Proteinen der NSF/Cdc48/Pex- und der ClpABC-Familie zeigten, dass im oligomeren Komplex entweder nur die D1- oder nur die D2-Domänen eine signifikante ATPase-Aktivität aufweisen, während die anderen für die Komplexassemblierung wichtig zu sein scheinen und möglicherweise eine regulatorische Funktion ausüben (Hattendorf and Lindquist, 2002; Brunger and DeLaBarre, 2003).

1.1.1 Struktur der AAA$^+$-Domäne

Die 200-250 Aminosäuren umfassende AAA$^+$-Domäne kann in zwei Subdomänen unterteilt werden (Abbildung 1.1): Eine amino-terminale große Subdomäne, die eine Rossman-Faltung aufweist und für P-Schleifen-NTPasen typisch ist, sowie eine kleine carboxy-terminale Subdomäne, die aus vier α-Helices besteht und nur in AAA$^+$-Proteinen vorkommt (Ogura and Wilkinson, 2001; Hanson and Whiteheart, 2005).

Die amino-terminale Domäne beinhaltet ein β-Faltblatt, das aus fünf parallelen Strängen besteht, die in einer β5-β1-β4-β3-β2 Sequenz angeordnet sind. Der Aufbau des β-Faltblatts der AAA$^+$-Domäne ist charakteristisch und erlaubt dadurch eine Unterscheidung von anderen Nukleotid-bindenden Domänen (Iyer *et al.*, 2004). Die Diversität innerhalb der AAA$^+$-Familie kommt teilweise durch die Helices zustande, mit denen die β-Stränge des Faltblattes verbunden sind (Snider and Houry, 2008).

ATP-Bindung findet an der amino-terminalen Subdomäne statt. Außerdem interagieren die carboxy-terminale Subdomäne und im oligomeren AAA$^+$-Proteinkomplex zusätzlich die amino-terminale Subdomäne der Nachbaruntereinheit mit dem gebundenen ATP und formen dadurch eine ATP-Bindungstasche (Abbildung 1.2).

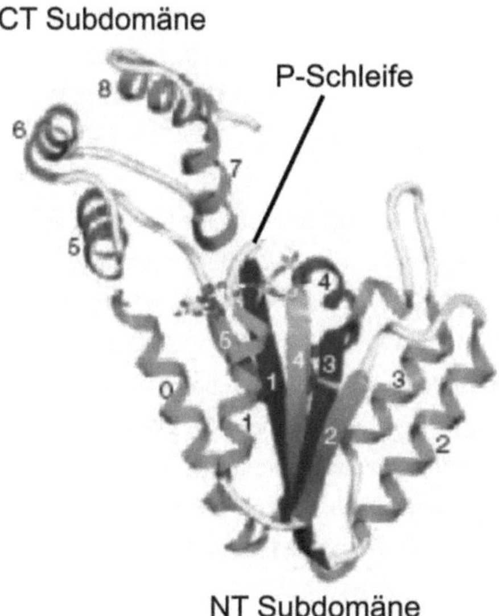

Abbildung 1.1: Struktur der AAA$^+$-Domäne. Modell der zweiten AAA$^+$-Domäne von NSF (Hanson and Whiteheart, 2005); die carboxy- (*CT Subdomäne*) und amino-terminale Subdomäne (*NT Subdomäne*) sind dargestellt. Die Sekundärstrukturelemente sind vom Amino-Terminus her durchnummeriert (0-8). Die Position der P-Schleife ist angegeben. Des Weiteren ist ein gebundenes ATP-Molekül dargestellt.

Innerhalb der amino-terminalen Subdomäne lassen sich einige konservierte Sequenzmotive unterscheiden, denen eine Funktion bei der ATP-Bindung und -Hydrolyse zukommt. Am Amino-Terminus der AAA$^+$-Domäne befindet sich ein Sequenzmotiv, das als N-Linker bezeichnet wird, weil es die AAA$^+$-Domäne mit anderen Domänen der gleichen Untereinheit verbindet. Diese Region interagiert offenbar mit dem Adenin-Ring des gebundenen ATP und kann vermutlich Nukleotid-induzierte Konformationsänderungen an andere Bereiche des Proteins weiterleiten (Smith *et al.*, 2004). Carboxy-terminal schließt sich das für die Nukleotidbindung notwendige **Walker-A-Motiv** an (Abbildung 1.2) (Walker *et al.*, 1982). Es weist die Konsensussequenz GxxxxGK[T/S] auf (x steht für jede beliebige Aminosäure) und liegt in der sogenannten P-Schleife. Die P-Schleife verbindet den β1-Strang mit der α1-Helix. Der Lysin-Rest im Walker-A-Motiv interagiert direkt mit den β- und γ-Phosphatresten des gebundenen ATP und stabilisiert vermutlich zusätzlich die Konformation der P-Schleife durch Wasserstoffbrückenbindungen (Saraste *et al.*, 1990). Mutationen des Lysin-Restes im Walker-A-Motiv blockieren die Interaktion der AAA$^+$-Domäne mit ATP (Matveeva *et al.*, 1997). Ebenfalls in der ATP-Bindungstasche lokalisiert ist das mit dem β3-Strang assoziierte **Walker-B-Motiv** (Abbildung 1.2), das durch die Konsensussequenz hhhhDE charakterisiert ist (h steht für eine hydrophobe Aminosäure). Die Carboxy-Gruppe des Glutamat-Restes fungiert vermutlich als katalytische Base, indem sie ein Proton von einem Wassermolekül abzieht und dadurch den nukleophilen Angriff des Wassermoleküls auf das γ-Phosphat des gebundenen ATP ermöglicht (Leipe *et al.*, 2003). Auf diese Weise kann ein pentakoordinierter Übergangszustand ausgebildet und schließlich die Phosphoanhydrid-Bindung gespalten werden, wobei ADP und Orthophosphat entstehen (Ogura and Wilkinson, 2001). Der Aspartat-Rest des Walker-B-Motivs ist für die Koordination eines Magnesiumions wichtig, das als Kofaktor für die ATP-Hydrolyse benötigt wird (Iyer *et al.*, 2004). Mutationen des Glutamat-Restes im Walker-B-Motiv blockieren die ATP-Hydrolyse und können zu verstärkter ATP- und Substratbindung führen (Babst *et al.*, 1998; Weibezahn *et al.*, 2003; Dalal *et al.*, 2004; Hersch *et al.*, 2005). Ein weiteres Motiv, dem eine bedeutende Rolle bei der ATP-Hydrolyse zukommt, ist das **SRH-Motiv** („Second Region of Homology") (Abbildung 1.2). Dieses ist allerdings nur in den sogenannten klassischen AAA-Proteinen, einer Unterfamilie der AAA$^+$-Proteine konserviert, wohingegen es in anderen AAA$^+$-Proteinen teilweise extrem variiert (Ogura *et al.*, 2004). Das SRH-Motiv enthält zwei spezifische Strukturelemente, den **Sensor-1**, einen polaren Aminosäurerest in der Schleife zwischen dem β4-Strang und der α4-Helix, und einen oder zwei sogenannte **Arginin-Finger** in der Schleife zwischen der α4-Helix und dem β5-Strang. Der Sensor-1, ein Asparagin oder Threonin, ist in allen AAA$^+$-Proteinen konserviert und für die Aktivität essenziell. Mutationen dieses polaren Restes blockieren die ATP-Hydrolyse (Steel *et al.*, 2000). Der Sensor-1 liegt in der ATP-Bindungstasche zwischen dem Walker-A und dem Walker-B-Motiv und interagiert vermutlich direkt oder indirekt mit dem γ-Phosphat des gebundenen ATP (Karata *et al.*, 1999; Hattendorf and Lindquist, 2002). Am anderen Ende des SRH-Motivs befinden sich der oder die Arginin-Finger. Die Familie der sogenannten klassischen AAA-Proteine, zu denen unter anderem die AAA-Proteine gehören, weist zwei konservierte Argininreste im SRH-Motiv auf; dagegen ist bei den übrigen AAA$^+$-Proteinen lediglich ein konservierter Argininreste im SRH-Motiv lokalisiert (Ogura *et al.*, 2004). Arginin-Finger haben ihren Namen aufgrund ihrer strukturellen Ähnlichkeit mit den Arginin-Fingern von GTPase-Aktivator Proteinen (GAPs), die in die GTP-Binderegion von GTPasen inseriert werden, um die Nukleotidhydrolyse zu stimulieren (Joshi *et al.*, 2003; Hanson and Whiteheart, 2005). In oligomeren AAA$^+$-Proteinen interagieren die Arginin-Finger mit dem γ-Phosphat des in der Nachbaruntereinheit gebundenen ATP (Ogura *et al.*, 2004). Mutationen der Arginin-Reste blockieren die ATP-Hydrolyse und zuweilen auch die Oligomerisierung von AAA$^+$-Proteinen (Hishida *et al.*, 2004). Zusätzlich zu ihrer Rolle bei der ATP-Hydrolyse in *trans* scheinen Arginin-Finger eine Rolle bei der Kommunikation zwischen einzelnen Untereinheiten zu spielen, indem sie den Zustand der ATP-Bindungstasche in der Nachbaruntereinheit wahrnehmen und die ATP-Hydrolyse in *cis* beeinflussen (Matveeva *et al.*, 2002; Ogura *et al.*, 2004). Für die DNA-Helikase MCM konnte gezeigt werden, dass die Mutation des Arginin-Fingers die ATP-Hydrolyse in *cis* stimuliert (Moreau *et al.*, 2007). Somit koordinieren Arginin-Finger des SRH-Motivs vermutlich in vielen AAA$^+$-Proteinkomplexen die ATP-Hydrolyse der Untereinheiten.

In der carboxy-terminalen Subdomäne der AAA⁺-Domäne konnte lediglich ein Motiv identifiziert werden, das direkt an der ATP-Hydrolyse beteiligt ist. Dabei handelt es sich um das **Sensor-2-Motiv**, das am Beginn der α7-Helix lokalisiert ist und die Konsensussequenz GAR aufweist (Abbildung 1.2) (Hanson and Whiteheart, 2005). Der Arginin-Rest kann mit dem γ-Phosphat des gebundenen ATP interagieren. Darüber hinaus scheint er Wechselwirkungen mit der Nachbaruntereinheit einzugehen und dabei möglicherweise Konformationsänderungen zu übermitteln (Ogura *et al.*, 2004; Hanson and Whiteheart, 2005). Mutationen dieses Motivs verhindern die Hydrolyse und in einigen Fällen auch die Bindung von ATP. Das Sensor-2-Motiv ist in klassischen AAA-Proteinen nicht konserviert. Jedoch können in klassischen AAA-Proteinen eventuell andere geladene Reste am Anfang der α7-Helix die Funktion des Sensor-2-Motivs erfüllen.

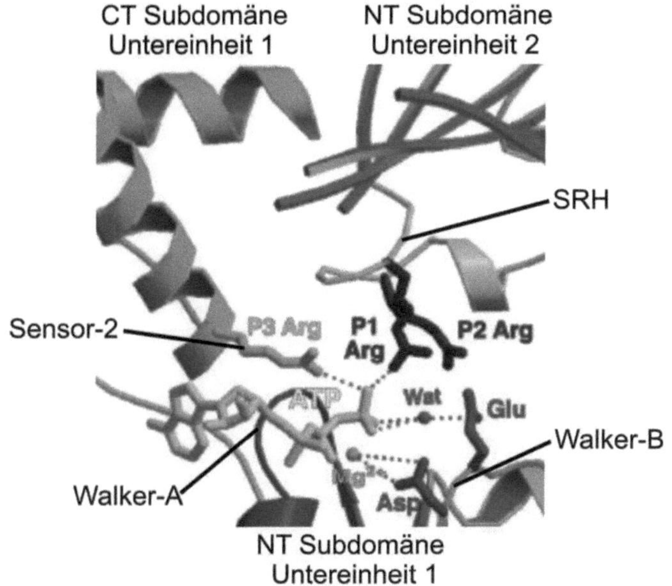

Abbildung 1.2: ATP-Bindungstasche von AAA⁺-Proteinen. Ausschnitt aus einer modellierten hexameren Struktur des AAA⁺-Proteins FtsH (Ogura *et al.*, 2004, modifiziert). Ein gebundenes ATP-Molekül, sein assoziiertes Magnesiumion und ein katalytisches Wassermolekül sind dargestellt. Die katalytischen Reste des Walker-B-Motivs (*Asp* und *Glu*) und die konservierten Arginin-Reste (*Arg*) des SRH-Motivs („Second Region of Homology“) der Nachbaruntereinheit sind hervorgehoben. Der Alanin-Rest im Sensor-2-Motiv von FtsH ist durch das in den meisten AAA⁺-Proteinen an dieser Position vorhandene Arginin ersetzt, um die Interaktion dieses Motivs mit dem γ-Phosphat des ATP zu verdeutlichen. *Gestrichelte Linien* entsprechen Wasserstoffbrückenbindungen. *NT*, amino-terminal; *CT*, carboxy-terminal; *SRH*, SRH-Motiv; *WA*, Walker-A-Motiv; *WB*, Walker-B-Motiv; Sensor-2, Sensor-2-Motiv; *Asp*, Aspartat; *Glu*, Glutamat.

Ein weiteres konserviertes Motiv der AAA$^+$-Domäne stellt die sogenannte Pore-1-Schleife dar, die sich zwischen dem β2-Strang und der α2-Helix befindet und in hexameren AAA$^+$-Ringkomplexen in der zentralen Pore lokalisiert ist. Das **Pore-1-Motiv** weist die Konsensussequenz FVG auf. Dabei scheint besonders der hydrophobe Tyrosin-Rest von Bedeutung zu sein (Schlieker *et al.*, 2004; Siddiqui *et al.*, 2004; Graef and Langer, 2006). Mutationen in diesem Motiv haben in der Regel keinen signifikanten Einfluss auf die Bindung oder Hydrolyse von ATP, beeinträchtigen jedoch die enzymatische Aktivität von AAA$^+$-Proteinkomplexen. In AAA$^+$-Proteinkomplexen spielen die Pore-1-Schleifen eine essenzielle Rolle bei der Entfaltung und Translokation von Substratproteinen. In ClpX konnten noch zwei weitere Poreschleifen identifiziert werden, denen eine wichtige Funktion bei der Substrattranslokation zukommt; dabei handelt es sich um die RKH-Schleife am Zugang und die Pore-2-Schleife am Ausgang der Pore (Farrell *et al.*, 2007; Martin *et al.*, 2007; Martin *et al.*, 2008). In ClpA sind wahrscheinlich sowohl die Pore-1-Schleifen der D1- und D2-Domänen als auch eine zusätzliche Poreschleife in der D1-Domäne an der Substrattranslokation beteiligt (Hinnerwisch *et al.*, 2005).

1.1.2 Oligomerisierung von AAA$^+$-Proteinen

AAA$^+$-Proteine assemblieren in homo- oder hetero-oligomere Komplexe. In der Regel sind dies ringförmige Hexamere; es konnten jedoch auch Pentamere, Heptamere und Dodecamere nachgewiesen werden (Johnson and O'Donnell, 2003; Lee *et al.*, 2003; Costa *et al.*, 2006; Xiao *et al.*, 2007). In geschlossenen ringförmigen AAA$^+$-Komplexen entsteht durch die Oligomerisierung eine zentrale Vertiefung oder Pore, die für die Interaktion mit Substraten und in vielen Fällen deren Translokation von Bedeutung ist. Neben ringförmigen geschlossenen Komplexen existieren aber auch offene Strukturen. So formen beispielsweise die AAA$^+$-Proteine der Initiator-Familie, zu denen sowohl die „Origin"-Prozessierungsproteine als auch die Helikase-Ladungsproteine gehören, filamentöse Oligomere (Erzberger *et al.*, 2006). Durch die Assemblierung zu Oligomeren können die SRH- und Sensor-2-Motive in Kontakt mit den Nachbaruntereinheiten treten (Ogura *et al.*, 2004). Auf diese Weise werden zwischen den AAA$^+$-Domänen benachbarter Untereinheiten ATP-Bindungstaschen und so funktionelle Proteinkomplexe gebildet.

1.1.3 ATP-Hydrolyse in AAA$^+$-Proteinkomplexen

AAA$^+$-Proteinkomplexe koppeln Nukleotid-vermittelte Konformationsänderungen mit chemo-mechanischen Bewegungen, die auf Substrate übertragen werden. Ein Zyklus von ATP-Bindung und -Hydrolyse führt dabei zu mindestens zwei unterschiedlichen Konformationszuständen: Einem nukleotidfreien und einem nukleotidgebundenen (Erzberger and Berger, 2006).

Einige AAA$^+$-Proteinkomplexe funktionieren als bimodale Schalter, indem sie zwischen diesen beiden Konformationen wechseln. Dabei erfolgen ATP-Bindung und -Hydrolyse sehr langsam und sind straff reguliert. Zu dieser Gruppe zählen sowohl die AAA$^+$-Unterfamilie der sogenannten Clamp-Loader, deren Mitglieder aus aktiven und inaktiven Untereinheiten aufgebaut sind als auch die Initiator-Familie, deren Vertreter wie bereits erwähnt (siehe 1.1.2) keine Ringstrukturen ausbilden (Johnson and O'Donnell, 2003; Erzberger *et al.*, 2006). Die Struktur der Mitglieder dieser beiden AAA$^+$-Unterfamilien unterscheidet sich grundlegend von der Struktur anderer AAA$^+$-Proteine, was an ihren physiologischen Funktionen liegt: Durch die Bindung von ATP werden sie aktiviert und können Strukturveränderungen hervorrufen (Erzberger and Berger, 2006). Die Hydrolyse von ATP dient ihrer Inaktivierung (Messer, 2002).

Im Gegensatz dazu assemblieren die meisten AAA$^+$-Proteine zu geschlossenen Ringkomplexen aus aktiven Untereinheiten, die kontinuierliche Zyklen von ATP-Bindung und -Hydrolyse durchlaufen (Erzberger and Berger, 2006). Diese AAA$^+$-Proteine funktionieren somit als molekulare Motoren. Durch ATP-Bindung und -Hydrolyse vollzogene Konformationsänderungen werden fortlaufend auf Substratproteine übertragen. Es ist jedoch unklar, wie die ATP-Bindung und -Hydrolyse zu Konformationsänderungen der Untereinheiten führen und wie die Übertragung dieser Strukturveränderungen auf Substrate erfolgt. In Übereinstimmung mit der Kopplung der Untereinheiten konnten in vielen AAA$^+$-Proteinkomplexen allosterische Interaktionen nachgewiesen werden (Schirmer *et al.*, 2001; Hattendorf and Lindquist, 2002; Schlee *et al.*, 2004; Hersch *et al.*, 2005; Briggs *et al.*, 2008). Strukturell prädestiniert für die koordinierte ATP-Hydrolyse sind insbesondere die Mitglieder der klassischen AAA-Proteinfamilie, die zwei konservierte Arginin-Finger in der SRH-Region aufweisen (Ogura *et al.*, 2004). AAA-Proteine sind an Prozessen wie der Entfaltung, Dissagregation und Translokation von Proteinen beteiligt (Lupas and Martin, 2002). Für diese Funktionen sind prozessive Interaktionen zwischen AAA-Proteinkomplexen und ihren Substraten essenziell.

Drei verschiedene koordinierte ATP-Hydrolysezyklen in geschlossenen hexameren AAA$^+$-Proteinkomplexen werden diskutiert (Abbildung 1.3) (Ogura and Wilkinson, 2001). Im synchronisierten Modell bindet ATP an alle sechs Untereinheiten gleichzeitig und wird auch gleichzeitig hydrolysiert (Abbildung 1.3A). Somit ist der Komplex während des gesamten Hydrolysezyklus sechsfach-symmetrisch. Das Rotationsmodell sagt voraus, dass jede zweite der sechs Untereinheiten im Ringkomplex sequenziell ATP bindet und hydrolysiert, wohingegen die übrigen Untereinheiten inaktiv sind (Abbildung 1.3B). Darüber hinaus existiert noch ein weiteres ebenfalls sequenzielles Hydrolysemodell (Abbildung 1.3C). Dieses schließt jedoch alle sechs Untereinheiten mit ein: Dabei beginnt die ATP-Hydrolyse in einer Untereinheit und setzt sich dann unidirektional von Untereinheit zu Untereinheit fort. An sich könnten auch zwei oder drei dieser unidirektionalen Hydrolysezyklen gleichzeitig ablaufen; drei simultan ablaufende sequenzielle Zyklen sind jedoch nur denkbar, wenn AAA$^+$-Proteinkomplexe sechs Nukleotide gleichzeitig binden können. Alternativ zu diesen koordinierten ATP-Hydrolysemechanismen ist es allerdings auch möglich, dass die ATP-Hydrolyse in hexameren AAA^+-Proteinkomplexen stochastisch erfolgt und keine Koordination stattfindet (Abbildung 1.3D).

Das synchronisierte ATP-Hydrolyse Modell (Abbildung 1.3A) wird durch kristallographische Daten vieler AAA^+-Komplexe unterstützt. So waren in Kristallen von LTAG, ClpX und einigen Mitgliedern der verwandten Clp/Hsp100 Familie sechs gebundene Nukleotide in den ATP-Bindungstaschen vorhanden (Lenzen *et al.*, 1998; Kim und Kim, 2003; Gai *et al.*, 2004). Diese Beobachtung spricht dafür, dass ATP in diesen Komplexen prinzipiell gleichzeitig binden und vermutlich auch hydrolysiert werden kann. Jedoch konnte in den Kristallen anderer AAA^+-Proteine nur eine substöchiometrische Nukleotidbesetzung nachgewiesen werden. Beispielsweise waren in einem Kristall von HslU sowie in der Gen-4-Ringhelikase nur vier der sechs möglichen ATP-Bindungstaschen mit Nukleotiden besetzt (Bochtler *et al.*, 2000; Singleton *et al.*, 2000). Gleichzeitig deuten auch biochemische Analysen, die mit ClpX, PAN und p97 durchgeführt wurden, darauf hin, dass AAA^+-Proteinkomplexe nur drei bis vier Nukleotide gleichzeitig binden können (Hersch, *et al.*, 2005; Horwitz *et al.*, 2007; Briggs *et al.*, 2008). Diese Befunde machen zumindest für die letztgenannten AAA^+-Proteinkomplexe einen ATP-Hydrolysezyklus gemäß dem synchronisierten Modell unwahrscheinlich. Sie legen eher einen sequenziellen Mechanismus nahe, bei dem der Nukleotidzustand, die Konformation und die katalytischen Eigenschaften der Reihe nach wechseln. Ein sequenzieller Mechanismus wird auch für die mit AAA^+-Proteinen verwandte F_1-ATPase angenommen. Diese ist ein Hexamer aus alternierenden α- und β-Untereinheiten und arbeitet nach dem Rotationsmodell (Abbildung 1.3B) (Boyer *et al.*, 1993; Abrahams et al., 1994); nur die β-Untereinheiten sind katalytisch aktiv. Ursprünglich wurde davon ausgegangen, dass die F_1-ATPase drei Nukleotide gleichzeitig binden kann (3-Untereinheiten-Modell). Neuere Studien deuten jedoch darauf hin, dass nur zwei Nukleotide zur selben Zeit gebunden sind (2-Untereinheiten-Modell) (Koga und Takada, 2006).

AAA^+-Komplexe, bei denen nur drei Untereinheiten ATP binden, könnten ebenfalls gemäß einem Rotationsmodell funktionieren (3-Untereinheiten-Modell). Im Gegensatz zur hetero-oligomeren F_1-ATPase sind die AAA^+-Proteinkomplexe, bei denen eine substöchiometrische Nukleotidbesetzung nachgewiesen wurde, jedoch alle homo-oligomere Hexamere. Daher gibt es keine Evidenz dafür, dass *a priori* eine alternierende Anordnung von aktiven und inaktiven Untereinheiten existiert. Es ist wahrscheinlicher, dass alle Untereinheiten während mehrerer Zyklen an der ATP-Hydrolyse teilnehmen können. Möglicherweise existiert in Homo-Oligomeren ein sequenzieller ATP-Hydrolysemechanismus, der alle Untereinheiten mit einschließt (Abbildung 1.3C). Für die Gen-4-Ringhelikase wird ein solcher Mechanismus diskutiert (4-Untereinheiten-Modell) (Singleton *et al.*, 2000): Zwei Untereinheiten haben ATP, weitere zwei ADP gebunden; die übrigen zwei Untereinheiten sind nukleotidfrei. Untereinheiten mit gleicher Nukleotidbesetzung liegen sich im Hexamer gegenüber. Die gleichzeitige Hydrolyse gebunder ATP-Moleküle zu ADP resultiert in einem Konformationswechsel, der dazu führt, dass ADP aus den Nachbaruntereinheiten freigesetzt wird und die beiden leeren Untereinheiten ATP binden können. Der gleiche Zyklus könnte dann in den Untereinheiten, die während des letzten Zyklus vom nukleotidfreien in den ATP-gebundenen Zustand übergegangen sind, von Neuem beginnen. Somit würde ein sequenzieller ATP-Hydrolysezyklus ablaufen, bei dem gegenüberliegende Untereinheiten simultan ATP hydrolysieren. Dieser Arbeitsmechanismus setzt voraus, dass sich die Affinitäten der Untereinheiten für ADP und ATP abhängig von der Nukleotidbesetzung der Nachbaruntereinheiten ändern. Erreicht werden könnte der Wechsel von einer hochaffinen zu einer niederaffinen Konformation durch strukturelle Umlagerung der Arginin-Finger, die in die ATP-Bindungstaschen der Nachbaruntereinheiten ragen (Singleton *et al.*, 2000). Für die ATPase ClpX wurde ebenfalls die Existenz von drei Klassen von Untereinheiten vorgeschlagen (Hersch *et al.*, 2005): ATP-freie sowie Untereinheiten mit hoher und niedriger Affinität für ATP. ClpX kann drei bis vier ATP-Moleküle gleichzeitig binden. Da ClpX bei seinen Wechselwirkungen mit ATP positive Kooperativität zeigt, könnte die Besetzung zweier niederaffiner Untereinheiten mit ATP die Ausbildung zweier hochaffiner Untereinheiten und deren unmittelbare Besetzung mit ATP hervorrufen (Hersch *et al.*, 2005).

Die Analyse der ATP-Hydrolysemechanismen von AAA^+-Proteinkomplexen wird erheblich durch die Tatsache erschwert, dass sie aus einzelnen Untereinheiten aufgebaut sind, die auf unterschiedlichen Peptidketten liegen und stochastisch assemblieren können. Für ClpX gelang es jedoch, die sechs Untereinheiten des Komplexes auf einer einzigen Peptidkette zu exprimieren (Martin *et al.*, 2005). Dadurch war es möglich, ClpX-Varianten mit spezifischen Anordnungen von Wildtyp- und mutierten Untereinheiten zu analysieren. Es zeigte sich, dass die ATP-Hydrolyse durch ClpX weder synchron noch strikt sequenziell erfolgen muss, und dass bereits die ATPase-Aktivität einer einzigen Untereinheit des Hexamers ausreicht, um begrenzten Substratabbau zu vermitteln. Daher schlagen Martin und Kollegen vor, dass ClpX ATP stochastisch hydrolysiert und die ATP-Hydrolyse möglicherweise durch Substratbindung initiiert wird (Abbildung 1.3D) (Martin *et al.*, 2005).

Die von AAA^+-Proteinen wahrgenommenen Aufgaben in der Zelle sind divers und die Struktur der ATPase-Domänen variiert in einigen Regionen beträchtlich. Deshalb ist es wahrscheinlich, dass AAA^+-Proteine individuelle Regulationsmechanismen für die ATP-Hydrolyse entwickelt haben, um ihre spezifischen Funktionen erfüllen zu können (Ogura and Wilkinson, 2001).

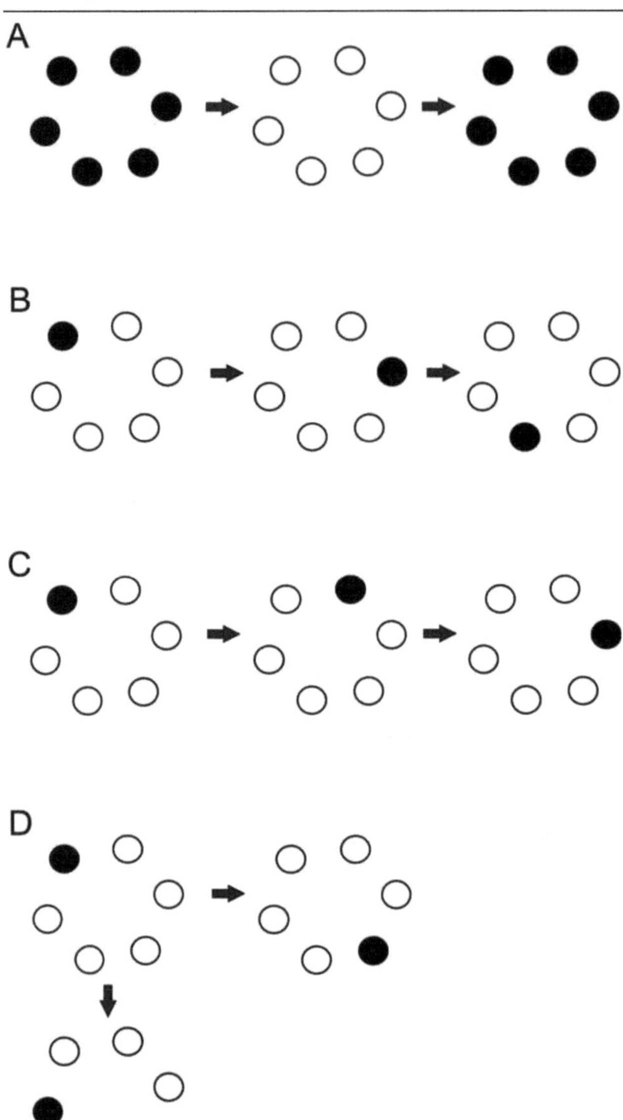

Abbildung 1.3: ATP-Hydrolysezyklen von AAA^{+}-Proteinkomplexen: **A**, Synchronisiertes Modell; **B**, Rotationsmodell; **C**, Sequenzielles Modell; **D**, Stochastische ATP-Hydrolyse. Untereinheiten in denen ATP hydrolysiert wird sind jeweils *schwarz* dargestellt. Siehe Text für Details.

1.2 AAA$^+$-Proteasen

Die ATPase-Domänen aller bekannten ATP-abhängigen Proteasen gehören zur AAA$^+$-Familie (Ogura and Wilkinson, 2001). In Bakterien sind fünf ATP-abhängige Proteasen weit verbreitet: Die ClpXP-, ClpAP-, HslUV-, FtsH- und Lon-Proteasen. Homologe dieser prokaryontischen Proteasen finden sich auch in Organellen von Eukaryonten. Dagegen existieren die sogenannten 26S-Proteasomen nur in Archaebakterien und in Eukaryonten (Bochtler *et al.*, 1999). Sie vermitteln in eukaryontischen Zellen den Proteinabbau im Cytoplasma und stellen vermutlich eine Weiterentwicklung prokaryontischer Proteasen dar. Bei ClpXP, ClpAP, HslUV und dem 26S-Proteasom liegen die AAA$^+$-Domänen und die proteolytischen Domänen auf getrennten Polypeptidketten, wohingegen sie bei Lon, FtsH und den FtsH-ähnlichen AAA-Proteasen höherer Eukaryonten auf einer einzigen Polypeptidkette lokalisiert sind (Hanson and Whiteheart, 2005).

Die AAA$^+$-Domänen der Proteasen erfüllen eine entscheidende Rolle bei der Proteolyse, indem sie Substrate erkennen, entfalten und der proteolytischen Kammer zuführen. Diese ist ein aus proteolytischen Domänen geformter Hohlzylinder, dessen axiale Poren nur den Zugang entfalteter Polypeptide zulassen (Sauer *et al.*, 2004). Durch diese Mikrokompartimentierung wird verhindert, dass gefaltete Proteine unkontrolliert mit den katalytischen Zentren im Inneren der Protease in Kontakt kommen. Sobald Substrate in die proteolyische Kammer transportiert worden sind, werden sie zu Peptiden einer Länge von fünf bis 20 Aminosäuren abgebaut (Thompson and Maurizi, 1994; Nishii and Takahashi, 2003). Im folgenden Kapitel soll am Beispiel der ClpXP-Protease die Funktionsweise ATP-abhängiger Proteasen vorgestellt werden.

1.2.1 Funktionsprinzip von AAA$^+$-Proteasen

Die am eingehendsten erforschte AAA$^+$-Protease ist die bakterielle Protease ClpXP, die aus der ATPase ClpX und der proteolytischen Kammer ClpP aufgebaut ist (Wang *et al.*, 1997): ClpP-Untereinheiten bilden einen aus zwei heptameren Ringen bestehenden beidseitig geöffneten Zylinder aus, dessen Zugänge durch ringförmige ClpX-Komplexe kontrolliert werden (Ortega *et al.*, 2004).

ClpXP kann eine Vielzahl bakterieller Proteine abbauen. Entscheidend für den Abbau eines Substrates sind dabei hauptsächlich carboxy- oder amino-terminale Erkennungssequenzen (Flynn *et al.*, 2003). Die am besten charakterisierte Erkennungssequenz ist das sogenannte ssrA-Peptid, das an den Carboxy-Terminus naszierender Polypeptidketten geheftet wird, wenn die ribosomale Translation stoppt (Keiler *et al.*, 1996). Der Abbau von ssrA-markierten Proteinen kann durch das Adaptorprotein SspB beschleunigt werden (Sauer *et al.*, 2004). Isolierte ClpX-ATPasen entfalten ssrA-markiertes GFP in Gegenwart von ATP (Kim *et al.*, 2000). Elektronenmikroskopische Aufnahmen zeigen, dass ClpX-Substrate durch die zentrale Pore in die proteolytische Kammer von

ClpP transportiert werden (Ishikawa *et al.*, 2001). Der Translokationsmechanismus ist jedoch noch weitgehend unklar. Vermutlich sind die amino-terminalen Domänen von ClpX und ClpA an der initialen Substratbindung beteiligt (Sauer *et al.*, 2004). Jedoch können ClpXP und ClpAP, denen die amino-terminalen Domänen fehlen, immer noch Substrate abbauen; daher müssen Bereiche in den AAA^{+}-Domänen bei der Substratbindung eine Rolle spielen (Xia *et al.*, 2004). Tatsächlich sind sowohl für die Bindung als auch für den Abbau von ssrA-markierten Proteinen durch ClpXP verschiedene Schleifen-Motive in der zentralen Pore von ClpX essenziell. Dazu gehören die sogenannte RKH-Schleife am Zugang, die Pore-1-Schleife in der Mitte und die Pore-2 Schleife am Ausgang der Pore von ClpX (Siddiqui *et al.*, 2004; Farrell *et al.*, 2005; Martin *et al.*, 2007). Mutationen in jeder dieser Schleifen reduzieren die Affinität von ClpX für ssrA-Peptide deutlich. Auch Mutationen in den Pore-1-Schleifen anderer AAA^{+}-Proteine haben eine drastische Reduktion der Aktivität zur Folge (Park *et al.*, 2005; Graef and Langer, 2006; Okuno *et al.*, 2006). Quervernetzungsexperimente belegen, dass sowohl die Pore-1- als auch die Pore-2-Schleifen in ClpX direkt mit dem ssrA-Peptid interagieren (Martin *et al.*, 2008). Für die homologe ATPase ClpA konnte ebenfalls die Bindung des ssrA-Peptids an Pore-1-Schleifen nachgewiesen werden (Hinnerwisch *et al.*, 2005). Interessanterweise ist die Quervernetzung des ssrA-markierten Modellsubstrates mit der Pore-1-Schleife von ClpX abhängig von der Nukleotidbesetzung der ATPase-Untereinheiten (Martin *et al.*, 2008); im ATP-gebundenen Zustand ist die Quervernetzungseffizienz deutlich erhöht. Dieser Befund deutet auf eine ATP-abhängige Konformationsänderung dieser Schleife hin. Diese Bewegung könnte den „Power Stroke“ generieren, der unter physiologischen Bedingungen die Substrattranslokation ermöglicht. Unterstützt wird diese Theorie durch strukturelle Befunde der bakteriellen Protease HslUV: Sowohl der Öffnungszustand der zentralen Pore als auch die Position der Pore-1-Schleife ändern sich abhängig von der Nukleotidbesetzung der Untereinheiten von HslUV (Wang *et al.*, 2001). Zusammenfassend kann somit das folgende Modell für den Abbau eines ssrA-markierten Substratproteins durch ClpXP aufgestellt werden (Wang *et al.*, 2001; Martin *et al.*, 2008): Ein gefaltetes Protein interagiert über das ssrA-Peptid mit der RKH-Schleife am Eingang der zentralen Pore; dabei wird das α-Carboxylat des ssrA-Peptids eventuell durch die positive Ladung der RKH-Schleife angezogen. In der zentralen Pore interagiert das Substrat mit den Pore-1- und Pore-2-Schleifen. ATP-Bindung und -Hydrolyse induzieren Konformationsänderungen, die zu gerichteten Positionsänderungen der Poreschleifen und damit zur Translokation des Polypeptids führen. Durch die ausgeübte Zugkraft und die Enge der Pore wird das gesamte Protein entfaltet, in die proteolytische Kammer transloziert und zu Peptiden abgebaut.

1.3 AAA-Proteasen

Zur Familie der AAA-Proteasen gehören die FtsH-Protease in Bakterien und in Chloroplasten sowie die *m*- und die *i*-AAA-Protease in den Mitochondrien der Hefe, der Maus und des Menschen (Ogura and Wilkinson, 2001). Offenbar sind AAA-Proteasen ubiquitär exprimiert (Juhola *et al.*, 2000). Im Gegensatz zu allen übrigen AAA$^+$-Proteasen sind AAA-Proteasen membranständige Enzyme. Sie beinhalten ein oder zwei amino-terminale Transmembranregionen und bilden große homo- oder hetero-oligomere Komplexe aus (Akiyama *et al.*, 1995; Arlt *et al.*, 1996; Leonhard *et al.*, 1996). Die bakterielle FtsH-Protease ist ein hexamerer Komplex; daher ist es naheliegend, dass auch die übrigen AAA-Proteasen zu Hexameren assemblieren (Bieniossek *et al.*, 2006; Suno *et al.*, 2006). Die Stöchiometrie hetero-oligomerer AAA-Proteasen ist nicht bekannt. Alle bisher gefundenen Untereinheiten von AAA-Proteasen weisen untereinander eine hohe Sequenzidentität auf und teilen eine gemeinsame Domänenstruktur (Langer, 2000). Diese ist in Abbildung 1.4 exemplarisch für die Untereinheiten der mitochondrialen AAA-Proteasen dargestellt.

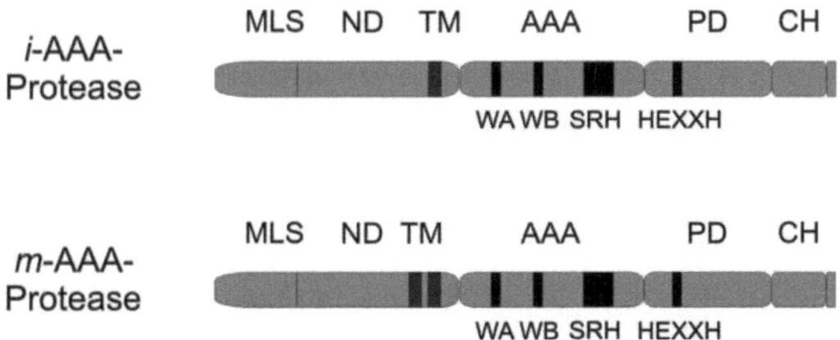

Abbildung 1.4: Domänenstruktur der Untereinheiten mitochondrialer AAA-Proteasen. *Oben*, *i*-AAA-Protease; *unten*, *m*-AAA-Protease; *MLS*, mitochondriale Lokalisierungssequenz; *ND*, amino-terminale Domäne; *TM*, Transmembrandomäne(n); *AAA*, AAA-Domäne; *PD*, proteolytische Domäne; *CH*, carboxy-terminale Helices; *WA*, Walker-A-Motiv; *WB*, Walker-B-Motiv; *SRH*, SRH-Motiv; *HEXXH*, Metall-bindendes Motiv.

An die AAA-Domäne der AAA-Proteasen schließt sich carboxy-terminal die proteolytische Domäne an. Diese enthält in ihrem Zentrum eine konservierte Metallbindungsstelle, die für Zink-Metalloproteasen der M41-Familie typisch ist und die Konsensussequenz HEXXH aufweist (Rawlings and Barrett, 1995). Die Koordination des Zinkions erfolgt über die beiden Histidin-Reste des HEXXH-Motivs. Zusätzlich ist noch ein konservierter Aspartat-Rest an der Zinkbindung beteiligt (Bieniossek *et al.*, 2006). Der Glutamat-Rest des HEXXH-Motivs kann ein Wassermolekül aktivieren und auf diese Weise den nukleophilen Angriff auf eine Peptidbindung vermitteln (Vallee and Auld, 1990; Rawlings and Barrett, 1995) . Am Carboxy-Terminus von AAA-Proteinen befinden sich konservierte Helices, die ein wichtiges Strukturelement darstellen und eine Rolle bei der Substraterkennung spielen (Shotland *et al.*, 2000; Graef *et al.*, 2007).

Im folgenden Kapitel soll genauer auf die bakterielle FtsH-Protease eingegangen werden. Die mitochondrialen AAA-Proteasen werden im Rahmen der mitochondrialen Proteolyse abgehandelt.

1.3.1 Die prokaryontische AAA-Protease FtsH

Die FtsH-Protease („Filamentation temperature sensitive protein H") baut sowohl cytosolische als auch membranständige Substrate ab. Zu den löslichen gehören in *Escherichia coli* die viralen Proteine λcII, λcIII und λXis des Bakteriophagen λ, der Transkriptionsfaktor σ^{32}, der die Transkription von Hitzeschockgenen reguliert sowie die am Lipidstoffwechsel beteiligte Deacetylase LpxC (Tomoyasu *et al.*, 1995; Ogura *et al.*, 1999; Ito and Akiyama, 2005). Dysfunktionen der letzteren können in der Akkumulation von Lipopolysaccharid (LPS) resultieren, welches für die Zelle toxisch ist. Aus diesem Grund ist die Anwesenheit von FtsH in Bakterien essenziell. In der Plasmamembran von Bakterien konnten die α-Untereinheit des F_O-Sektors der ATP-Synthase und die Untereinheit SecY der SecYEG-Translokase als Substrate von FtsH identifiziert werden (Akiyama *et al.*, 1996). Diese Proteine werden jedoch nur abgebaut, wenn sie überexprimiert oder destabilisiert werden, was vermuten lässt, dass FtsH bei der Qualitätskontrolle von Membranproteinen eine Rolle spielt (Shimohata *et al.*, 2002). YccA, ein weiteres Membranprotein, scheint dagegen auch unter Normalbedingungen („steady-state") abgebaut zu werden (Kihara *et al.*, 1998). Der Abbau von Membranproteinen wird an cytosolischen Regionen initiiert (Kihara *et al.*, 1999). Dabei ist ein Peptidschwanz von mindestens 20 Aminosäuren erforderlich (Chiba *et al.*, 2000). FtsH kann im Gegensatz zu vielen anderen bakteriellen ATP-abhängigen Proteasen die Proteolyse von Substraten nicht fortsetzen, wenn sie auf eine straff gefaltete Domäne trifft, was für eine vergleichsweise niedrige Entfaltungsaktivität der Protease spricht (Herman *et al.*, 2003).

Von FtsH-Proteinkomplexen aus *Thermotoga maritima* und *Thermus thermophilus* wurden Röntgenstrukturanalysen in der Gegenwart von ADP durchgeführt (Bieniossek *et al.*, 2006; Suno *et al.*, 2006). Sie zeigen, dass die Protease eine hexamere Struktur ausbildet. Die proteolytischen Domänen der Protease sind symmetrisch angeordnet. Dagegen weist die ATPase in *T. maritima* oder *T. thermophilus* eine zwei- bzw. dreifache Symmetrie auf. In der zweifachsymmetrischen Struktur von *T. maritima* variiert die Orientierung der AAA-Domänen zu den proteolytischen Domänen in den drei Untereinheiten eines Trimers deutlich. Somit ergibt sich ein Dimer aus Hetero-Trimeren. Im Gegensatz dazu ist die Struktur von *T. thermophilus* mit einem Trimer aus Hetero-Dimeren vereinbar, da bei jeder zweiten Untereinheit die AAA-Domäne nach außen geneigt ist. In dieser „offenen" Konformation sind die carboxy-terminalen AAA-Subdomänen dieser Untereinheiten weit entfernt von der Nukleotidbinderegion der Nachbaruntereinheiten, und daher sind die ATP-Bindungstaschen zwischen den Untereinheiten vermutlich zugänglich. Dagegen kommen die carboxy-terminalen AAA-Subdomänen der anderen Untereinheiten in direkten Kontakt mit den großen AAA-Subdomänen der Nachbaruntereinheiten. Dadurch werden vermutlich „geschlossene" ATP-Bindungstaschen ausgebildet. Aufgrund dieser strukturellen Daten ist für FtsH aus *T. thermophilus* ein ATP-Hydrolysemechanismus, bei dem jeweils drei Untereinheiten synchron durch ATP Bindung einen Konformationswechsel vollziehen, denkbar (Suno *et al.*, 2006).

FtsH kann mit dem hetero-oligomeren HflKC Komplex zu einem Superkomplex assoziieren, der aus den Membranproteinen HflK und HflC aufgebaut ist und einen negativen Effekt auf den Substratabbau der Protease hat (Kihara *et al.*, 1996). Einen ähnlichen Einfluss scheint der dem HflKC-Komplex homologe Prohibitinkomplex in der Innenmembran der Hefe auf die *m*-AAA-Protease auszuüben.

1.4 Proteolyse in Mitochondrien

Mitochondrien sind dynamische Organellen, die für eine Vielzahl an katabolen und anabolen Prozessen verantwortlich sind. Außerdem spielen Mitochondrien eine entscheidende Rolle bei der Apoptose, dem Zellzyklus und diversen Signalkaskaden (McBride *et al.*, 2006). An diesen Funktionen sind unzählige Proteine beteiligt, die kontinuierlich in Mitochondrien importiert oder im Organell synthetisiert werden müssen. Während etwa 1.000 mitochondriale Proteine im Cytosol translatiert werden und durch eine komplexe Importmaschinerie in die Mitochondrien gelangen, ist lediglich 1% aller mitochondrialen Proteine im Genom der Mitochondrien kodiert (Foury *et al.*, 1998; Mootha *et al.*, 2003; Sickmann *et al.*, 2003). Für die Biogenese der mitochondrialen Atmungskette müssen Translationsprodukte beider Genome in der Innenmembran miteinander assemblieren. Ein Ungleichgewicht mitochondrial- und kernkodierter Untereinheiten kann zur Akkumulierung nicht-assemblierter Polypeptide führen. Mitochondrien besitzen ein Qualitätskontrollsystem aus ATP-abhängigen molekularen Chaperonen und Proteasen, das nicht-assemblierte, fehlgefaltete und durch Oxidation geschädigte Proteine abbauen kann, um mögliche schädliche Effekte auf mitochondriale Funktionen zu vermeiden (Arlt *et al.*, 1996; Leonhard *et al.*, 1996; Bota and Davies, 2002). Zusätzlich zu ihrer Funktion bei der Qualitätskontrolle kommt ATP-abhängigen Proteasen in Mitochondrien eine Schlüsselfunktion bei der Regulation der mitochondrialen Biogenese zu (Van Dyck *et al.*, 1998; Nolden *et al.*, 2005).

Zentrale Komponenten des proteolytischen Systems von Mitochondrien der Hefe *Saccharomyces cerevisiae* sind die Lon-Protease in der mitochondrialen Matrix und zwei membranverankerte AAA-Proteasen (Abbildung 1.5). Darüber hinaus spielen Prozessierungspeptidasen eine Rolle beim Proteinimport (Gakh *et al.*, 2002). Bei der Proteolyse entstehende Peptide können durch Oligopeptidasen abgebaut oder aus Mitochondrien freigesetzt werden (Young *et al.*, 2001; Kambacheld *et al.*, 2005).

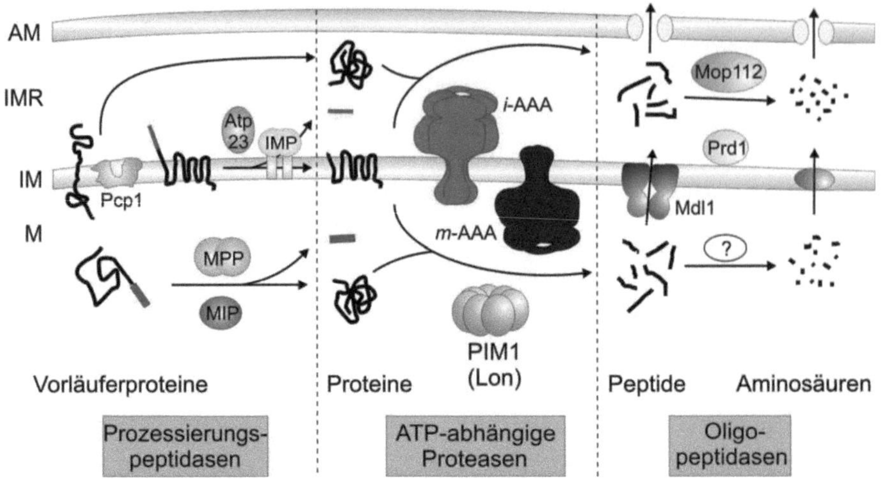

Abbildung 1.5: Proteolytisches System in Mitochondrien von *S. cerevisiae*. Mitochondriale Proteasen können funktionell in Prozessierungspeptidasen, ATP-abhängige Proteasen und Oligopeptidasen eingeteilt werden. Proteine des Intermembranraums (*IMR*), der Innenmembran (*IM*), oder der Matrix (*M*) können durch ATP-abhängige Proteasen und Oligopeptidasen zu Peptiden und Aminosäuren abgebaut werden. Obwohl Oligopeptidasen in der mitochondrialen Matrix von *S. cerevisiae* lokalisiert werden konnten, ist noch unklar, ob sie am Abbau von Peptiden beteiligt sind, die durch ATP-abhängige Proteasen generiert werden. *AM*, Außenmembran. (Koppen *et al.*, 2007, modifiziert).

1.4.1 Prozessierungspeptidasen

Mitochondriale Proteine der Matrix und der Innenmembran enthalten meist eine amino-terminale Lokalisierungssequenz, die als Importsignal dient und von spezifischen Prozessierungspeptidasen abgespalten wird (Abbildung 1.5) (Gakh *et al.*, 2002). Dagegen besitzen Proteine der mitochondrialen Außenmembran und Transportproteine der Innenmembran in der Regel keine abspaltbaren Lokalisierungssequenzen. In der mitochondrialen Matrix werden Lokalisierungssequenzen von der mitochondrialen Prozessierungspeptidase (MPP), einer Endoprotease der Pitrilysin-Familie Zink-abhängiger Proteasen, abgespalten (Brunner *et al.*, 1994; Rawlings and Barrett, 1995). MPP besteht aus zwei homologen Untereinheiten, α-MPP und β-MPP, von denen nur die letztere katalytische Aktivität aufweist. Eine weitere Prozessierungspeptidase der mitochondrialen Matrix ist die mitochondriale Intermediat-Peptidase (MIP); sie ist ein Monomer und kann Octapeptide von Vorläuferproteinen abspalten, die zuvor bereits durch MPP prozessiert worden sind (Isaya *et al.*, 1991). Die physiologische Bedeutung dieser zweiten Prozessierung ist unklar. An der äußeren Oberfläche der mitochondrialen Innenmembran ist die membranständige Innenmembranpeptidase (IMP) lokalisiert (Pratje *et al.*, 1994). Diese ist in Hefe aus den beiden Untereinheiten Imp1 und Imp2 aufgebaut, die beide katalytische Aktivität besitzen und sich in ihrer

Substratspezifität unterscheiden (Nunnari *et al.*, 1993). Zu den Substraten von IMP gehören sowohl kernkodierte Proteine des Intermembranraums, die zuvor durch MPP in der mitochondrialen Matrix prozessiert worden sind, als auch mitochondrial-kodiertes Cox2 (Pratje *et al.*, 1983). In der mitochondrialen Innenmembran von *S. cerevisiae* ist des Weiteren die Serin-Protease Pcp1, die zur Familie der Rhomboid-Proteasen gehört, lokalisiert. Rhomboid-Proteasen können membranverankerte Proteine innerhalb der Transmembrandomänen schneiden (Freeman, 2004). Pcp1 ist für die Prozessierung der Dynamin-ähnlichen GTPase Mgm1 verantwortlich, der eine zentrale Rolle bei der mitochondrialen Fusion zukommt (Herlan *et al.*, 2003; Sesaki *et al.*, 2003). Ein weiteres Substrat von Pcp1 ist die Cytochrom-*c*-Peroxidase (Ccp1), ein Häm-bindendes Enzym im mitochondrialen Intermembranraum, das die Reduktion von Wasserstoffperoxid zu Wasser katalysiert (Esser *et al.*, 2002). Ccp1 enthält eine zweiteilige Lokalisierungssequenz, die durch zwei aufeinander folgende proteolytische Schritte abgespalten wird: Zunächst wird das Vorläuferprotein durch die mitochondriale *m*-AAA-Protease prozessiert; in einem zweiten Schritt wird das entstandenen Intermediat von Pcp1 prozessiert und dadurch die reife lösliche Form von Ccp1 gebildet. In höheren Organismen existiert ein Homolog von Pcp1, die Rhomboid-Protease PARL. Diese kann zwar Pcp1 in *S. cerevisiae* funktionell ersetzen, scheint jedoch nicht direkt an der Prozessierung von Opa1, dem Homolog von Mgm1 in Säugetieren, beteiligt zu sein (Cipolat *et al.*, 2006). Im mitochondrialen Intermembranraum prozessiert die Metallopeptidase Atp23 das mitochondrial-kodierte Atp6 und vermittelt seine Insertion in die F_O-Untereinheit der ATP-Synthase (Osman *et al.*, 2007).

1.4.2 ATP-abhängige Proteasen der mitochondrialen Matrix

Die erste Energie-abhängige Protease, die in Mitochondrien identifiziert werden konnte, war die Lon-Protease in der mitochondrialen Matrix der Ratte (Desautels and Goldberg, 1982). Sie gehört zur Familie der Serin-Proteasen und ist ubiquitär in eukaryontischen Mitochondrien vertreten. Das Homolog von Lon in *S. cerevisiae* ist die PIM1-Protease (Abbildung 1.5) (Suzuki *et al.*, 1994; Van Dyck *et al.*, 1994). Pim1-Untereinheiten assemblieren zu einem homo-oligomeren Komplex mit einem Molekulargewicht von etwa 800 kDa (Kutejová *et al.*, 1993); elektronenmikroskopische Analysen deuten darauf hin, dass es sich dabei um ein ringförmiges Heptamer handelt (Stahlberg *et al.*, 1999). Die Reifung von Pim1 erfolgt in zwei Schritten: Nach Import in die mitochondriale Matrix wird die mitochondriale Lokalisierungssequenz durch MPP abgespalten; sobald die Untereinheiten assembliert sind, wird der Amino-Terminus autokatalytisch prozessiert und so die aktive Form der Protease gebildet (Wagner *et al.*, 1997).

Lon ist eine zentrale Komponente des Qualitätskontrollsystems in Mitochondrien. Durch Oxidation geschädigte Aconitase ist ein Substrat der Lon-Protease im Menschen (Bota and Davies, 2002). Des Weiteren baut PIM1 in *S. cerevisiae* fehlgefaltete und geschädigte Proteine in der mitochondrialen Matrix ab und verhindert dadurch vermutlich deren Aggregation (Suzuki *et al.*, 1994). In Einklang mit diesen Funktionen führt Hitzestress zu erhöhter nukleärer Expression von Pim1-Untereinheiten (Van Dyck *et al.*, 1994). Mutationsanalysen in *S. cerevisiae* zeigen, dass die PIM1-Protease neben der Qualitätskontrolle vermutlich auch regulatorische Funktionen erfüllt. So ist die proteolytische Aktivität von PIM1 für die mitochondriale Genexpression und damit für die Funktionalität der Atmungskette erforderlich (Van Dyck *et al.*, 1994). Außerdem ist PIM1 für die Aufrechterhaltung funktioneller mitochondrialer DNA in Hefe essenziell (Van Dyck *et al.*, 1994). Interessanterweise kann Lon direkt an mitochondriale DNA binden und mit Proteinen mitochondrialer Nukleoide interagieren (Liu *et al.*, 2004; Cheng *et al.*, 2005). Möglicherweise spielt die Lon-Protease beim Abbau und der Regulation von Proteinen mitochondrialer Nukleoide eine Rolle und beeinflusst dadurch die Stabilität und Expression mitochondrialer DNA.

Eine weitere ATP-abhängige Protease in der mitochondrialen Matrix ist die ClpXP-Protease (Kang *et al.*, 2002). Sie gehört ebenso wie die Lon-Protease zu den Serin-Proteasen. Im Gegensatz zur Lon-Protease ist die Clp-Protease jedoch nicht universell in den Mitochondrien eukaryontischer Zellen zu finden. Während ClpX-homologe ATPasen in Mitochondrien aller Eukaryonten vorhanden zu sein scheinen, konnten ClpP-homologe Untereinheiten bisher zwar in Mitochondrien von Säugetieren und Pflanzen, jedoch nicht in denen der Hefe identifiziert werden (Corydon *et al.*, 1998; Van Dyck *et al.*, 1998; Halperin *et al.*, 2001).

Die Expression von ClpP wird in Säugerzellen unter Stressbedingungen ebenso wie die Expression von Lon erhöht (Zhao *et al.*, 2002). Daher ist es wahrscheinlich, dass der Clp-Protease eine ähnliche Rolle bei der Qualitätskontrolle zukommt wie der Lon-Protease. Neuere Untersuchungen deuten darauf hin, dass die Clp-Protease unter Stressbedingungen daran beteiligt ist, die mitochondriale „Unfolded Protein Response" (UPR^{mt}), einen Signalweg zur Steigerung der Expression mitochondrialer Chaperone und Proteasen, auszulösen; dies geschieht vermutlich, indem die Clp-Protease durch Proteolyse ein Stresssignal generiert (Haynes *et al.*, 2007).

1.4.3 AAA-Proteasen der mitochondrialen Innenmembran

In der mitochondrialen Innenmembran des Menschen und der Hefe *S. cerevisiae* konnten Homologe der FtsH-Protease von *E. coli* identifiziert werden (Ogura and Wilkinson, 2001). Sie weisen die für AAA-Proteasen typische Domänenstruktur auf (Abbildung 1.4) und bilden oligomere Membrankomplexe aus, die *m*- und die *i*-AAA-Protease (Arlt *et al.*, 1996; Leonhard *et al.*, 1996). Die katalytischen Zentren der *m*-AAA-Protease sind in der mitochondrialen Matrix lokalisiert, wohingegen sich die der *i*-AAA-Protease im mitochondrialen Intermembranraum befinden (Abbildung 1.5). Die *m*-AAA-Protease der Hefe ist ein hetero-oligomerer Komplex, der aus den Untereinheiten Yta10 und Yta12 gebildet wird. Interessanterweise existieren im Menschen sowohl homo- als auch hetero-oligomere *m*-AAA-Proteasekomplexe, die aus der Untereinheit AFG3L2 bzw. den beiden Untereinheiten AFG3L2 und Paraplegin bestehen können (Banfi *et al.*, 1999; Casari *et al.*, 1998; Atorino *et al.*, 2003; Koppen *et al.*, 2007). Im Gegensatz dazu ist die *i*-AAA-Protease ein homo-oligomerer Komplex, der in *S. cerevisiae* aus Yme1- und im Menschen aus YME1L-Untereinheiten aufgebaut ist (Leonhard *et al.*, 1996; Shah *et al.*, 2000). In Mäusen existiert noch eine weitere Untereinheit der *m*-AAA-Protease, Afg3l1, die im Menschen nicht translatiert wird (Kremmidiotis *et al.*, 2001). Während Untereinheiten der *m*-AAA-Protease jeweils zwei Transmembrandomänen am Amino-Terminus besitzen, durchspannen die Untereinheiten der *i*-AAA-Protease die mitochondriale Innenmembran nur einmal (Abbildung 1.4) (Langer, 2000).

Mitochondriale AAA-Proteasen besitzen in Detergenzextrakten ein Molekulargewicht von etwa 1 MDa (Arlt *et al.*, 1996; Leonhard *et al.*, 1996). Es ist jedoch weder klar, aus wie vielen Untereinheiten die oligomeren Komplexe bestehen, noch ist die Stöchiometrie hetero-oligomerer Komplexe bekannt. Aufgrund der Homologie zur bakteriellen Protease FtsH, die hexamere Komplexe in der Plasmamembran formt, wird davon ausgegangen, dass die mitochondrialen AAA-Proteasen ebenfalls Hexamere sind (Bieniossek *et al.*, 2006; Suno *et al.*, 2006). Eine hexamere Anordnung ist jedoch bei einer molekularen Masse von 70-80 kDa pro Untereinheit nicht mit dem Molekulargewicht der Oligomere in Einklang zu bringen. *m*-AAA-Proteasen können mit einem weiteren Membrankomplex, dem so genannten Prohibitinkomplex interagieren, der in Hefe aus den homologen Untereinheiten Phb1 und Phb2 aufgebaut ist (Steglich *et al.*, 1999). Der Prohibitinkomplex hat ein Molekulargewicht von etwa 1,2 MDa. Durch die Interaktion zwischen Prohibitinkomplex und *m*-AAA-Proteasekomplex entsteht ein Superkomplex mit einem Molekulargewicht von ca. 2 MDa. Elektronenmikroskopische Analysen zeigen, dass Prohibitine ringförmige Komplexe mit einem Durchmesser von ca. 20 bis 25 nm ausbilden (Tatsuta *et al.*, 2005).

Die Deletion von AAA-Proteasen führt zu pleiotropen Phänotypen. Hefezellen, denen die *i*-AAA-Protease fehlt, zeigen weder respiratorisches Wachstum bei hohen Temperaturen noch fermentatives Wachstum bei niedrigen Temperaturen (Thorsness and Fox, 1993). Die Mitochondrien dieser Zellen bilden kein retikuläres Netzwerk aus, was auf eine Rolle von Yme1 bei der Aufrechterhaltung der mitochondrialen Morphologie hindeutet (Campbell *et al.*, 1994). Darüber hinaus sind Hefezellen, die keine *i*-AAA-Protease exprimieren, petite-negativ (Thorsness *et al.*, 1993), das heißt, dass der Verlust mitochondrialer DNA in diesem Stammhintergrund Letalität zur Folge hat. Hefezellen, denen sowohl die *i*- als auch die *m*-AAA-Protease fehlen, sind nicht lebensfähig (Lemaire *et al.*, 2000; Leonhard *et al.*, 2000). Ursache dieser synthetischen Letalität könnte das Unvermögen dieser Zellen sein, spezifische Substrate abzubauen oder zu prozessieren. Die *m*-AAA-Protease ist für das Wachstum auf nicht-fermentierbaren Kohlenstoffquellen essenziell. Hefezellen, denen eine Untereinheit der *m*-AAA-Protease fehlt oder die eine proteolytisch inaktive Variante der *m*-AAA-Protease exprimieren, sind respiratorisch inkompetent (*petite*) (Tauer *et al.*, 1994; Tzagoloff *et al.*, 1994; Arlt *et al.*, 1996). Nonsens-

Mutationen in der *m*-AAA-Proteaseuntereinheit Paraplegin führen im Menschen zu einer autosomal-rezessiven Form der hereditären spastischen Paraplegie (HSP) (Casari *et al.*, 1998). Diese neurodegenerative Erkrankung ist durch Degeneration der Axone von Motoneuronen des corticospinalen Traktes sowie sensorischer Axone des Fasciculus gracilis gekennzeichnet (Fink, 2003; Rugarli and Langer, 2006; Soderblom and Blackstone, 2006). Zu den klinischen Symptomen gehören eine Schwäche und Spastizität der unteren Extremitäten sowie Sensibilitäts- und Blasenentleerungstörungen. Die Deletion der *m*-AAA-Proteaseuntereinheit Afg3l2 in Mäusen führt zu einer drastischen Beeinträchtigung der axonalen Entwicklung und betroffene Versuchstiere sterben kurz nach der Geburt (Maltecca *et al.*, 2008).

1.4.4 Substratabbau durch AAA-Proteasen

AAA-Proteasen spielen eine entscheidende Rolle bei der Qualitätskontrolle in der mitochondrialen Innenmembran. In *S. cerevisiae* können sie eine Vielzahl nicht-assemblierter Membranproteine abbauen, was für eine degenerierte Substratspezifität spricht (Arlt *et al.*, 1996). Ob ein Substrat durch die *m*- oder die *i*-AAA-Protease abgebaut wird, scheint primär von der Topologie des Substrates in der Innenmembran abzuhängen (Leonhard *et al.*, 2000). Während die *i*-AAA-Protease nicht-assembliertes Phb1, Phb2 und Cox2 abbauen kann, ist die *m*-AAA-Protease für den Abbau der mitochondrial-kodierten Atmungskettenuntereinheiten Cox1, Cox3, Cob, Atp6, Atp8 und Atp9 verantwortlich (Nakai *et al.*, 1994; Pearce and Sherman, 1995; Arlt *et al.*, 1996; Guélin *et al.*, 1996; Kambacheld *et al.*, 2005). Außerdem kann die *m*-AAA-Protease das periphere Membranprotein Atp7 abbauen (Korbel *et al.*, 2004). Das Innenmembranprotein Yme2, das lösliche Domänen auf beiden Seiten der Membran aufweist, kann sowohl von der *i*- als auch von der *m*-AAA-Protease abgebaut werden (Leonhard *et al.*, 2000). Für die Bindung und den Abbau von Innenmembransubstraten benötigen mitochondriale AAA-Proteasen ähnlich wie die FtsH-Protease eine mindestens 20 Aminosäuren lange entfaltete carboxy- oder amino-terminale Peptidsequenz außerhalb der Membran (Leonhard *et al.*, 2000). Die Transmembranregionen der AAA-Proteasen sind für den Abbau integraler Membranproteine essenziell, wohingegen sie für den Abbau löslicher Substrate nicht benötigt werden (Korbel *et al.*, 2004). Wie Substrate erkannt werden und in die proteolytische Kammer gelangen, ist unklar. Für die *i*-AAA-Protease konnte allerdings gezeigt werden, dass carboxy- und amino-terminale helicale Regionen an der äußeren Oberfläche des Komplexes an der initialen Substraterkennung beteiligt sind (Graef *et al.*, 2007). Während die amino-terminale Substratbinderegion generell bei der Proteolyse wichtig zu sein scheint, ist die am Carboxy-Terminus nur für die Bindung bestimmter Substrate von Bedeutung; dabei scheint der Abstand entfalteter Domänen des Substrates von der Membran ausschlaggebend zu sein. Mutationsanalysen deuten darauf hin, dass an der Translokation in die proteolytische Kammer der *i*-AAA-Protease, vergleichbar mit anderen AAA$^+$-Proteasen, ein konserviertes Schleifen-Motiv in der zentralen Pore, die Pore-1-Schleife, beteiligt ist (siehe 1.2.1) (Graef and Langer, 2006).

Der Substratabbau durch AAA-Proteasen wird offenbar durch Kofaktoren unterstützt (Graef *et al.*, 2007) und durch regulatorische Proteine gesteuert. So könnte z. B. das mit dem *i*-AAA-Proteasekomplex assoziierte Protein Mgr1 als Adaptor beim Substratabbau fungieren (Dunn *et al.*, 2006). Die Abwesenheit des bereits beschriebenen Prohibitinkomplexes führt zu einem beschleunigten Abbau nicht-assemblierter Membranproteine (Steglich *et al.*, 1999). Somit scheinen Prohibitine als negative Regulatoren der *m*-AAA-Protease zu fungieren. Wie sie diesen Effekt vermitteln, ist jedoch noch unklar.

1.4.5 Regulatorische Funktion der *m*-AAA-Protease

Zusätzlich zu ihrer Rolle bei der mitochondrialen Qualitätskontrolle übt die *m*-AAA-Protease eine regulatorische Funktion bei der mitochondrialen Proteinsynthese aus. MrpL32, eine konservierte kernkodierte Untereinheit mitochondrialer Ribosomen, wird durch die *m*-AAA-Protease prozessiert (Nolden *et al.*, 2005). Die gereifte Form von MrpL32 kann an der mitochondrialen Innenmembran mit ribosomalen 54S-Partikeln assemblieren und dadurch die Ribosomenassemblierung vervollständigen. Wird MrpL32 nicht prozessiert, können keine funktionellen Ribosomen ausgebildet werden, und es kann daher keine mitochondriale Translation stattfinden. Mit der Inaktivierung der *m*-AAA-Protease einhergehende zelluläre Defekte, wie der Verlust der Atmungskompetenz und die Tendenz zum Verlust mitochondrialer DNA, können größtenteils durch die Beeinträchtigung der MrpL32-Prozessierung erklärt werden (Nolden *et al.*, 2005). Ein weiteres Protein, dessen Reifung von der *m*-AAA-Protease abhängt, ist Ccp1, dessen Prozessierung bereits unter 1.4.1. erörtert wurde (Esser *et al.*, 2002). Auch die mitochondriale *i*-AAA-Protease könnte regulatorische Funktionen wahrnehmen. Interessanterweise ist der Import der Polynukleotidphosphorylase (PNPase) aus Säugetieren in Hefemitochondrien von der Anwesenheit der *i*-AAA-Protease abhängig (Rainey *et al.*, 2006).

1.4.6 Oligopeptidasen

Bei der ATP-abhängigen Proteolyse entstehen Oligopeptide (Gaczynska *et al.*, 1993; Young *et al.*, 2001; Nishii and Takahashi, 2003). Diese können durch Oligopeptidasen zu Aminosäuren abgebaut und dadurch dem zellulären Aminosäurepool zugeführt werden. Im mitochondrialen Intermembranraum von *S. cerevisiae* existieren zwei lösliche Oligopeptidasen, Prd1 und Mop112 (Abbildung 1.5) (Büchler *et al.*, 1994; Kambacheld *et al.*, 2005). Beide Enzyme können Peptide, die durch die Proteolyse von nicht-assemblierten mitochondrialen Translationsprodukten entstanden sind, abbauen. Die Deletion von *MOP112* führt zu reduziertem Zellwachstum auf nicht-fermentierbaren Kohlenstoffquellen bei 37℃. Interessanterweise führt die gleichzeitige Deletion von *MOP112* und *YME1* zu einem synthetischen Wachstumsdefekt. Dagegen können Hefezellen, denen Prd1 fehlt, ohne Beeinträchtigung auf nicht-fermentierbaren Kohlenstoffquellen wachsen und weisen keinen synthetischen Wachstumsdefekt mit *YME1* auf. Ein Homolog von Mop112, die Oligopeptidase PreP, ist in menschlichen Mitochondrien vermutlich in der mitochondrialen Matrix lokalisiert und am Abbau des Amyloid-β-Proteins beteiligt, das bei der Alzheimer-Krankheit eine Rolle spielt (Falkevall *et al.*, 2006). In *Arabidopsis thaliana* konnte gezeigt werden, dass PreP mitochondriale Lokalisierungssequenzen nach deren Abspaltung durch mitochondriale Prozessierungspeptidasen abbauen kann (Stahl *et al.*, 2002). Bei einer massenspektrometrischen Analyse des mitochondrialen Proteoms konnte eine weitere Oligopeptidase in der mitochondrialen Matrix identifiziert werden, und zwar die Bleomycin-Hydrolase Lap3 (Sickmann *et al.*, 2003); über die Funktion dieser Oligopeptidase ist jedoch noch nichts bekannt.

1.4.7 Peptidexport aus Mitochondrien

Proteine können innerhalb der Mitochondrien grundsätzlich bis auf die Aminosäureebene abgebaut werden (Desautels and Goldberg, 1982). Trotzdem muss mitochondrialer Proteinabbau nicht zwangsläufig zur Entstehung einzelner Aminosäuren führen. Vielmehr scheint eine Konkurrenz zwischen dem Export von Peptiden und ihrem vollständigen Abbau zu Aminosäuren zu existieren. Young *et al.* 2001 konnten zeigen, dass die Proteolyse von mitochondrial-kodierten nicht-assemblierten Untereinheiten der Atmungskette durch AAA-Proteasen zur Bildung eines heterogenen Gemisches aus Peptiden und freien Aminosäuren führt. Der Großteil dieser Proteolyseprodukte wird aus den Mitochondrien freigesetzt. Etwa 70% des exportierten Materials sind freie Aminosäuren (Peak III), wohingegen ungefähr 30% aus einem heterogenen Peptidgemisch bestehen (Abbildung 1.6). In diesem Peptidgemisch können zwei Klassen von Peptiden unterschieden werden: Peptide von ca. sechs bis 19 Aminosäuren (Peak I) bzw. von etwa zwei bis fünf Aminosäuren Länge (Peak II) (Young *et al.*, 2001).

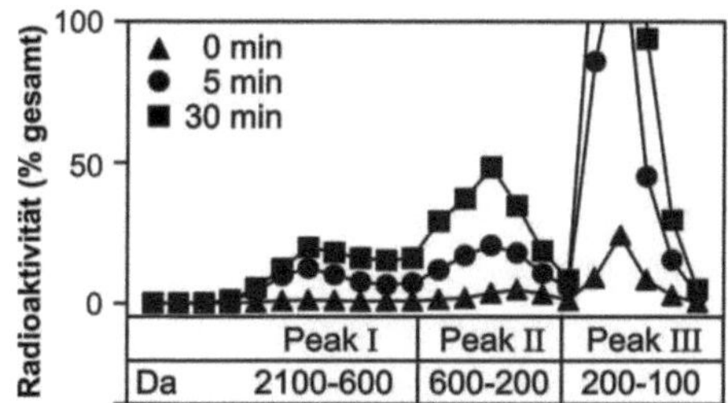

Abbildung 1.6: Export eines heterogenen Gemisches aus Peptiden und Aminosäuren aus Mitochondrien. Überstände wurden von Wildtyp-Mitochondrien nach 0 min (▲), 5 min (●) und 30 min (■) Inkubation abgenommen. Die Proben wurden durch Gelfiltration der Größe nach aufgetrennt und die Radioaktivität in den eluierten Fraktionen bestimmt (Young *et al.*, 2001, modifiziert).

In Hefezellen, denen Untereinheiten der *m*-AAA-Protease fehlen, ist die Gesamtmenge exportierter Proteolyseprodukte gegenüber dem Wildtyp signifikant reduziert (Young *et al.*, 2001). Dabei bleibt das Exportprofil das Gleiche wie im Wildtyp. Also wird der Großteil der nicht-assemblierten Untereinheiten der Atmungskette durch die membranständige *m*-AAA-Protease abgebaut. Die Deletion des Gens *MDL1*, das für den ATP-abhängigen ABC-Transporter Mdl1 („Multi-drug resistance like") kodiert, führt zur Abnahme des Exports von längeren Peptiden. Daher scheint der in der mitochondrialen Innenmembran lokalisierte Mdl1-Transporter am Export von Peptiden beteiligt zu sein, die beim *m*-AAA-Protease vermittelten Proteinabbau in der mitochondrialen Matrix entstehen (Young *et al.*, 2001). Dieser Befund ist konsistent mit der Tatsache, dass ein Homolog von Mdl1, der im ER lokalisierte Transporter TAP („Transporter associated with Antigen Processing"), ebenfalls eine Rolle beim Peptidtransport spielt (Lankat-Buttgereit and Tampé, 1999). Die Deletion von *YME1* äußert sich ebenfalls in einem verringerten Export von längeren Peptiden. Doppelmutanten, in denen sowohl *YME1* als auch *MDL1* deletiert sind, zeigen einen additiven Effekt auf den Peptidexport (Young *et al.*, 2001).

Somit existieren in Mitochondrien mindestens zwei unabhängige Wege für die Freisetzung von Peptiden (Abbildung 1.6): Peptide, die durch die proteolytische Aktivität der *m*-AAA-Protease in der mitochondrialen Matrix entstehen, können mit Hilfe des Mdl1-Transporters über die Innenmembran transportiert werden, während Peptide von Proteinen, die durch die *i*-AAA-Protease in der mitochondrialen Innenmembran abgebaut werden, direkt in den Intermembranraum gelangen (Young *et al.*, 2001). Vom Intermembranraum aus können die Peptide vermutlich durch Porine oder den TOM-Komplex („Translocase of Outer Membrane") die äußere Membran passieren (Pfanner and Geissler, 2001). Wahrscheinlich existieren ähnliche Wege für den Peptidexport auch in höheren Organismen, da Homologe der Komponenten des Proteolyse- und Exportsystems der Hefe auch in höheren Eukaryonten identifiziert werden konnten (Casari *et al.*, 1998; Coppola *et al.*, 2000; Shirihai *et al.*, 2000).

Im Jahr 2003 gelang es ein Verfahren zu etablieren, dass es erlaubte, aus Mitochondrien exportierte Peptide durch massenspektrometrische Analyse zu sequenzieren (Augustin, 2003). Dabei zeigte sich, dass ein heterogenes Spektrum von Peptiden unterschiedlicher Proteine exportiert wird. Interessanterweise handelt es sich dabei überwiegend um Peptide kernkodierter Proteine. Vorwiegend wurden Peptide integraler und peripherer Membranproteine nachgewiesen, die vermutlich Substrate der membranständigen AAA-Proteasen darstellen. Peptide vieler Proteine weisen auffallend überlappende Sequenzbereiche auf, was vermuten lässt, dass sie sich von einer gemeinsamen Grundsequenz ableiten, die nachträglich carboxy- oder amino-terminal verkürzt worden ist. Daher ist es wahrscheinlich, dass neben ATP-abhängigen Proteasen auch Oligopeptidasen an der Entstehung freigesetzter Peptide beteiligt sind. Tatsächlich konnten Kambacheld *et al.* 2005 zeigen, dass zwei Oligopeptidasen des Intermembranraums, Mop112 und Prd1, einen Einfluss auf den Peptidexport haben und Peptide abbauen können, die durch Proteolyse von nicht-assemblierten mitochondrialen Translationsprodukten entstanden sind (siehe 1.4.6).

Über die physiologische Bedeutung des mitochondrialen Peptidexports ist bisher kaum etwas bekannt. In Säugetieren können Peptide mitochondrial-kodierter Proteine, nachdem sie ins Cytosol gelangt sind, von MHC I-Molekülen auf der Zelloberfläche präsentiert werden (Fischer-Lindahl *et al.*, 1997; Butcher and Young, 2000). Außerdem kann eine Anhäufung mitochondrialer DNA-Mutationen in Säugetieren zu einer erhöhten Präsentation von MHC I-Molekülen auf der Zelloberfläche und damit wahrscheinlich zu einer verstärkten Erkennung und Eliminierung durch das Immunsystem führen (Gu *et al.*, 2003). Hefen sind Einzeller und besitzen kein Immunsystem. Der mitochondriale Peptidexport scheint daher noch weitere biologische Funktionen zu erfüllen. Es existieren mehrere Signalwege zwischen den Mitochondrien und dem Zellkern, die die Expression kernkodierter Proteine auf die Bedürfnisse der Mitochondrien abstimmen. Der bekannteste und am besten untersuchte ist der RTG-Signalweg: Sowohl eine Beeinträchtigung der Atmungskette als auch der Verlust mitochondrialer DNA können durch Reduktion der zellulären Glutamatkonzentration zur Aktivierung der Transkriptionsfaktoren Rtg1 und Rtg3 führen (Liu and Butow, 1999; Sekito *et al.*, 2000; Epstein *et al.*, 2001). Diese regulieren die Genexpression von Enzymen, die bei den ersten drei Schritten des TCA-Zyklus eine Rolle spielen. Dadurch kommt es zu einer Steigerung der Synthese von α-Ketoglutarat, dem Vorläufer von Glutamat. Durch den Verlust mitochondrialer DNA können noch weitere retrograde Signalwege ausgelöst werden. Dazu gehören die Expression des mutmaßlichen Amonium-Transporters Ato3 (Guaragnella and Butow, 2003) und des Resistenz-vermittelnden Transporters Pdr5 in der Plasmamembran (Balzi and Goffeau, 1995; Hallstrom and Moye-Rowley, 2000). Außerdem resultiert die Akkumulation fehlgefalteter Proteine in Mitochondrien höherer Eukaryonten in der Expression kernkodierter Chaperone und Proteasen, der mitochondrialen „Unfolded Protein Response“ (UPR^{mt}) (Martinus *et al.*, 1996; Zhao *et al.*, 2002; Haynes *et al.*, 2007). Interessanterweise induziert der Verlust der *i*-AAA-Protease aus *S. cerevisiae* unter aeroben Bedingungen die verstärkten Expression von

Genen, die für die Expression mitochondrialer Gene und die Biogenese der Atmungskette wichtig sind (Arnold *et al.*, 2006).

Die Beschaffenheit der Signale, die den Kontakt zwischen Mitochondrien und dem Zellkern vermitteln, ist jedoch noch unbekannt. Es wäre möglich, dass dem mitochondrialen Peptidexport eine Rolle bei der Signalübermittlung zukommt. Im Einklang mit einer Signalfunktion mitochondrialer Peptide konnte in Säugetieren das Pβ-Peptid, ein Fragment der mitochondrialen Rhomboid-Protease PARL, nach proteolytischer Spaltung im Nukleus nachgewiesen werden (Sik *et al.*, 2004; Pellegrini and Scorrano, 2007).

1.5 Zielsetzung

ATP-abhängige Proteasen (AAA^+-Proteasen) sind oligomere Ringkomplexe, die aus ATPase- und proteolytischen Untereinheiten aufgebaut sind. Sie nutzen die Energie aus der ATP-Hydrolyse, um Substratproteine zu entfalten und sie in eine proteolytische Kammer zu translozieren, in der der Abbau zu Peptiden erfolgen kann. Es ist jedoch unklar, wie die ATP-Hydrolyse koordiniert und mit der Translokation von Substraten gekoppelt ist.

Erschwert wird die Analyse der Funktionsmechanismen von AAA^+-Proteasen dadurch, dass sie meist als Homo-Oligomere vorliegen und es daher nicht möglich ist, mutierte Untereinheiten an spezifischen Positonen im Komplex einzuführen. In der Innenmembran von Mitochondrien ist jedoch mit der hetero-oligomeren *m*-AAA-Protease ein Enzym lokalisiert, das sich zur Erforschung der Funktionsweise von AAA^+-Proteasen eignet: Die *m*-AAA-Protease ist aus Yta10- und Yta12-Untereinheiten aufgebaut, was es ermöglicht, spezifisch eine der beiden Untereinheiten zu mutieren. Bisher ist jedoch weder das stöchiometrische Verhältnis noch die Anzahl und Anordnung der Untereinheiten im *m*-AAA-Proteasekomplex geklärt. Daher sollte zunächst der Aufbau des *m*-AAA-Proteasekomplexes bestimmt werden. Zu diesem Zweck sollte die Stöchiometrie der Untereinheiten durch Überexpressionsstudien untersucht und die Struktur des *m*-Proteasekomplexes durch Elektronenmikroskopie analysiert werden.

Um die Wirkungsweise der *m*-AAA Protease zu verstehen, sollte der ATP-Hydrolysezyklus der Protease aufgeklärt werden. Dazu sollten Mutationen in die ATPase-Domänen von Yta10 oder Yta12 eingeführt und deren Einfluss auf die ATPase-Aktivität des Komplexes untersucht werden. Durch Korrelation des ATP-Hydrolysezyklus mit der *in-vivo*-Prozessierungsaktivität der *m*-AAA-Protease sollte analysiert werden, wie die Hydrolyse von ATP mit der Substrattranslokation gekoppelt ist.

Außerdem sollte untersucht werden, warum die Reifung der Cytochrom-*c*-Peroxidase (Ccp1) durch die Rhomboid-Protease Pcp1 von der *m*-AAA-Protease abhängig ist (Esser *et al.*, 2002). Um aufzuklären, ob die ATPase-Aktivität der *m*-AAA-Protease für die Prozessierung von Ccp1 benötigt wird, sollten die ATPase-Aktivitäten verschiedener *m*-AAA-Proteasevarianten mit Mutationen in den ATPase- oder proteolytischen Domänen verglichen und in Beziehung zur *in-vivo*-Prozessierung von Ccp1 gesetzt werden. Außerdem sollte festgestellt werden, ob Ccp1 durch die zentrale Pore der *m*-AAA-Protease in die proteolytische Kammer transloziert wird, indem der Einfluss von Mutationen in den Poreschleifen auf die Ccp1-Prozessierung untersucht wurde.

Einem weiteren Ansatz lag die Beobachtung zugrunde, dass Proteolyseprodukte der *m*- und *i*-AAA-Protease durch Oligopeptidasen abgebaut oder aus Mitochondrien freigesetzt werden können (Young *et al.*, 2001; Kambacheld *et al.*, 2005). Es sollte herausgefunden werden, ob Peptide bestimmter Proteine selektiv aus Mitochondrien exportiert werden, um Rückschlüsse auf die Stabilität des mitochondrialen Proteoms und das Substratspektrum mitochondrialer Proteasen ziehen zu können. Dazu sollten Proteolyseprodukte mitochondrialer Proteasen isoliert und durch Massenspektrometrie identifiziert werden. Zusätzlich sollte der Einfluss von Oligopeptidasen des Intermembranraums auf den Peptidexport analysiert werden.

2 Material und Methoden

2.1 Klonierungen

Unter Verwendung der Oligonukleotide TL 3492 und TL 3493 und genomischer DNA des Hefestammes YTT557 wurde der DNA-Abschnitt *HIS3MX6-Gal1-YTA10* inklusive 250 Basenpaaren der 3´- und 5´UTR (untranslatierte Region) von Yta10 durch Polymerasekettenreaktion (PCR) amplifiziert. Nach Restriktionsverdau mit den Restriktionsenzymen *Hind*III und *Xba*I, deren Erkennungssequenzen durch die verwendeten Oligonukleotide angefügt worden waren, wurde das Fragment in das ebenfalls mit den Restriktionsenzymen *Hind*III und *Xba*I geschnittene Plasmid pGEM4 kloniert. Der für das Walker-B-Motiv von Yta10 kodierende Sequenzabschnitt des Konstrukts pGEM4-HIS3MX6-Gal1-YTA10 wurde durch positionsspezifische Polymerasekettenreaktion mit den Oligonukleotiden TL 3217 und TL 3218 entsprechend den Herstellerangaben (Firma Stratagene) mutiert und dadurch wurde das Plasmid pGEM4-HIS3MX6-Gal1-YTA10^{E388Q} erzeugt. In vergleichbarer Weise wurden Mutationen in die Plasmide YCplac22-ADH1-YTA10^{-6His} und YCplac111-ADH1-YTA12 eingeführt: YCplac22-ADH1-YTA10$^{M360K-6His}$ (TL 3403 und TL 3404); YCplac111-ADH1-YTA12^{M420K} (TL 3405 und TL 3406); YCplac22-ADH1-YTA10$^{F361S-6His}$ (TL 3311 und TL 3312); YCplac111-ADH1-YTA12^{F421S} (TL 3313 und TL 3314); YCplac22-ADH1-YTA10$^{F361A-6His}$ (TL 3384 und TL 3385); YCplac111-ADH1-YTA12^{F421A} (TL 3386 und TL 3387); YCplac22-ADH1-YTA10$^{F361E-6His}$ (TL 3388 und TL 3389); YCplac111-ADH1-YTA12^{F421E} (TL 3390 und TL 3391); YCplac22-ADH1-YTA10$^{G363A-6His}$ (TL 3392 und TL 3393); YCplac111-ADH1-YTA12^{G423A} (TL 3394 und TL 3395). Das modifizierte Fragment *HIS3MX6-Gal1-YTA10*^{E388Q} wurde mit den Restriktionsenzymen *Hind*III und *Xba*I aus dem Plasmid pGEM4-HIS3MX6-Gal1-YTA10^{E388Q} ausgeschnitten und für die Transformation von Hefezellen eingesetzt (siehe 2.2.1).

Tabelle 2.1: Verwendete Oligonukleotide.

Primer	Sequenz
TL 852	5´-TTATAATACATTGTGGATAGAACGAAAACAGAGACGTGATAGATGCGTACGCTGCAGGTCGAC-3´
TL 853	5´-TTGAGGTAGGTTCCTTCATACGTTTAACTTCTTAGAATAAAATCAATCGATGAATTCGAGCTCG-3´
TL 1457	5´-TTGGGCTAAAGTTTATTTTCTTGGGTAGAGATTCATCTATCCGGATCCCCGGGTTAATTAA-3´
TL 1532	5´-CTGATCATCATTTAAAAAGTTATTCTCTTGTATCTATTTGAATTCGAGCTCGTTTAAAC-3´
TL 3217	5´-CTCGATTATCTTTATAGATCAGATCGATGCTATCGGTAAAG-3´
TL 3218	5´-CTTTACCGATAGCATCGATCTGATCTATAAAGATAATCGAG-3´
TL 3311	5´-GAGTTCGTCGAAATGTCCGTTGGGGTGGGTG-3´
TL 3312	5´-CACCCACCCCAACGGACATTTCGACGAACTC-3´
TL 3313	5´-TCAGAATTTGTAGAAATGTCTGTTGGTGTTGGTGCAG-3´
TL 3314	5´-CTGCACCAACACCAACAGACATTTCTACAAATTCTGA-3´

TL 3384	5´-GAGTTCGTCGAAATGGCCGTTGGGGTGGGTG-3´
TL 3385	5´-CACCCACCCCAACGGCCATTTCGACGAACTC-3´
TL 3386	5´-TCAGAATTGTAGAAATGGCTGTTGGTGTTGGTGCAG-3´
TL 3387	5´-CTGCACCAACACCAACAGCCATTTCTACAAATTCTGA-3´
TL 3388	5´-GAGTTCGTCGAAATGGAAGTTGGGGTGGGTG-3´
TL 3389	5´-CACCCACCCCAACTTCCATTTCGACGAACTC-3´
TL 3390	5´-TCAGAATTTGTAGAAATGGAAGTTGGTGTTGGTGCAG-3´
TL 3391	5´-CTGCACCAACACCAACTTCCATTTCTACAAATTCTGA-3´
TL 3392	5´-CGTCGAATGTTCGTTGCGGTGGGTGCTTCAC-3´
TL 3393	5´-GTGAAGTACCCACCGCAACGAACATTTCGACG-3´
TL 3394	5´-TTTGTAGAAATGTTTGTTGCTGTTGGTGCAGCAAGAG-3´
TL 3395	5´-CTCTTGCTGCACCAACAGCAACAAACATTTCTACAAA-3´
TL 3492	5´-GAGCAGTGGAGAAGCTATCACGAG-3´
TL 3493	5´-GCGCTGAAGCTTGAACGACGAAGGTGAGGTTGGC-3´

Tabelle 2.2: Verwendete Plasmide.

Plasmid	Referenz
YCplac22-ADH1-YTA10$^{E388Q-6His}$	Tatsuta *et al.*, 2007
YCplac111-ADH1-YTA12^{E448Q}	Tatsuta *et al.*, 2007
YCplac22-ADH1-YTA10^{E388Q}	T. Tatsuta, unveröffentlicht
YCplac111ADH1-YTA12$^{E448Q-6His}$	T. Tatsuta, unveröffentlicht
pGEM4	Firma Promega
pGEM4-HIS3MX6-Gal1-YTA10	diese Arbeit
pGEM4-HIS3MX6-Gal1-YTA10^{E388Q}	diese Arbeit
YCplac111(Ade)-ADH1-YTA12$^{E448Q-6His}$	T. Tatsuta, unveröffentlicht
YCplac22-ADH1-YTA10^{-6His}	Tatsuta *et al.*, 2007
YCplac111-ADH1-YTA12	Tatsuta *et al.*, 2007
YCplac22-ADH1-YTA10$^{K334A-6His}$	Tatsuta *et al.*, 2007
YCplac111-ADH1-YTA12^{K394A}	Tatsuta *et al.*, 2007
YCplac22-ADH1-YTA10$^{R447A-6His}$	T. Tatsuta, unveröffentlicht
YCplac111-ADH1-YTA12^{R506A}	T. Tatsuta, unveröffentlicht
YCplac22-ADH1-YTA10$^{E388Q\ R447A-6His}$	T. Tatsuta, unveröffentlicht
YCplac111-ADH1-YTA12$^{E448Q\ R506A}$	T. Tatsuta, unveröffentlicht
YCplac22-ADH1-YTA10$^{E559Q-6His}$	Tatsuta *et al.*, 2007
YCplac111-ADH1-YTA12^{E614Q}	Tatsuta *et al.*, 2007
YCplac111-ADH1-YTA12^{D689A}	Tatsuta *et al.*, 2007
YCplac22-ADH1-YTA10$^{D634A-6His}$	Tatsuta *et al.*, 2007

YCplac22-ADH1-YTA10$^{M360K-6His}$	diese Arbeit
YCplac111-ADH1-YTA12^{M420K}	diese Arbeit
YCplac22-ADH1-YTA10$^{F361S-6His}$	diese Arbeit
YCplac111-ADH1-YTA12^{F421S}	diese Arbeit
YCplac22-ADH1-YTA10$^{F361A-6His}$	diese Arbeit
YCplac111-ADH1-YTA12^{F421A}	diese Arbeit
YCplac22-ADH1-YTA10$^{F361E-6His}$	diese Arbeit
YCplac111-ADH1-YTA12^{F421E}	diese Arbeit
YCplac22-ADH1-YTA10$^{G363A-6His}$	diese Arbeit
YCplac111-ADH1-YTA12^{G423A}	diese Arbeit
pFA6a-HA-HIS3MX6	Longtine *et al.*, 1998
pFA6a-KanMX4	Longtine *et al.*, 1998

2.2 Hefegenetische Methoden

2.2.1 Verwendete *S. cerevisiae*-Stämme

Alle in dieser Arbeit verwendeten Hefestämme sind Derivate von W303 (Rothstein and Sherman, 1980) und in Tabelle 2.3 aufgeführt. Der Stamm YSA3 wurde durch homologe Rekombination der 3´- und 5´UTR des *HIS3MX6-Gal1-Yta10*^{E388Q}-Fragments mit den flankierenden Bereichen des deletierten *YTA10*-Locus im Stamm YTT434 hergestellt. Um den Hefestamm YSA4 zu erzeugen, wurde der Stamm YSA3 mit den Plasmiden YCplac22-ADH1-YTA10^{E388Q}, YCplac111-ADH1-YTA12$^{E448Q-6His}$ und YCplac111(Ade)-ADH1-YTA12$^{E448Q-6His}$ transformiert. Die Stämme YSA5 bis YSA9 wurden durch Transformation des *S. cerevisiae*-Stammes YKO200 mit Varianten der Plasmide YCplac22-ADH1-YTA10^{-6His} und YCplac111-ADH1-YTA12 generiert. Zur carboxy-terminalen Markierung von Nde1 mit einem Hämagglutinin-(HA)-Epitop (YSA1) wurde am *NDE1*-Locus durch homologe Rekombination eine *3HA-His3MX6*-Kassette inseriert, die zuvor durch Polymerasekettenreaktion mit den Oligonukleotiden TL 1457 und TL 1532 erzeugte worden war (Longtine *et al.*, 1998). Unter Verwendung der Oligonukleotide TL 852 und TL 853 wurde durch Polymerasekettenreaktion eine *KanMX4*-Kassette generiert, mit der durch homologe Rekombination das komplette Leseraster von *YME1* im Stamm YSA1 deletiert und auf diese Weise der Stamm YSA2 erzeugt werden konnte. Alle Transformationen wurden entsprechend der Lithiumacetat-Methode durchgeführt (Gietz *et al.*, 1995).

Tabelle 2.3: Verwendete Hefestämme.

Stamm	Genotyp	Referenz
YKO200	*MATα ade2-1 his3-11,15 leu2,112 trp1-1 ura3-1 can1-100 yta10::HIS3MX6 yta12::KanMX4*	Koppen *et al.*, 2007
YTT261	YKO200+ YCplac22-ADH1-YTA10$^{E388Q-6His}$ YCplac111-ADH1-YTA12^{E448Q}	Tatsuta *et al.*, 2007
YTT557	*MATα ade2-1 his3-11,15 leu2,112 trp1-1 ura3-1 can1-100 yta10::HIS3MX6-Gal1-Yta10 yta12::KanMX4*	T. Tatsuta, unveröffentlicht
YTT434	*MATα ade2-1 his3-11,15 leu2,112 trp1-1 ura3-1 can1-100 yta10::CloneNAT yta12::KanMX4*	T. Tatsuta, unveröffentlicht
YSA3	*MATα ade2-1 his3-11,15 leu2,112 trp1-1 ura3-1 can1-100 yta10::HIS3MX6-Gal1-Yta10^{E388Q} yta12::KanMX4*	diese Arbeit
YSA4	*MATα ade2-1 his3-11,15 leu2,112 trp1-1 ura3-1 can1-100 yta10::HIS3MX6-Gal1-Yta10^{E388Q} yta12::KanMX4* YCplac22-ADH1-YTA10^{E388Q} YCplac111(Leu)-ADH1-YTA12$^{E448Q-6His}$ YCplac111(Ade)-ADH1-YTA12$^{E448Q-6His}$	diese Arbeit
YTT259	YKO200+YCplac22-ADH1-YTA10^{-6His} YCplac111-ADH1-YTA12	Tatsuta *et al.*, 2007
YTT248	YKO200+YCplac22-ADH1 YCplac111-ADH1	Tatsuta *et al.*, 2007
YTT260	YKO200+YCplac22-ADH1-YTA10$^{K334A-6His}$ YCplac111-ADH1-YTA12^{K394A}	Tatsuta *et al.*, 2007
YTT470	YKO200+YCplac22-ADH1-YTA10$^{R447A-6His}$ YCplac111-ADH1-YTA12^{R506A}	T. Tatsuta, unveröffentlicht
YTT459	YKO200+YCplac22-ADH1-YTA10$^{K334A-6His}$ YCplac111-ADH1-YTA12	T. Tatsuta, unveröffentlicht
YTT456	YKO200+YCplac22-ADH1-YTA10^{-6His} YCplac111-ADH1-YTA12^{K394A}	T. Tatsuta, unveröffentlicht
YTT460	YKO200+YCplac22-ADH1-YTA10$^{E388Q-6His}$ YCplac111-ADH1-YTA12	T. Tatsuta, unveröffentlicht
YTT457	YKO200+YCplac22-ADH1-YTA10^{-6His} YCplac111-ADH1-YTA12^{E448Q}	T. Tatsuta, unveröffentlicht
YTT468	YKO200+YCplac22-ADH1-YTA10^{-6His} YCplac111-ADH1-YTA12^{R506A}	T. Tatsuta, unveröffentlicht
YTT469	YKO200+YCplac22-ADH1-YTA10$^{R447A-6His}$ YCplac111-ADH1-YTA12	T. Tatsuta, unveröffentlicht
YTT508	YKO200+YCplac22-ADH1-YTA10$^{E388Q\ R447A-6His}$ YCplac111-ADH1-YTA12	T. Tatsuta, unveröffentlicht

YTT509	YKO200+YCplac22-ADH1-YTA10^{-6His} YCplac111-ADH1-YTA12$^{E448Q\ R506A}$	T. Tatsuta, unveröffentlicht
YTT461	YKO200+YCplac22-ADH1-YTA10$^{E559Q-6His}$ YCplac111-ADH1-YTA12	Tatsuta *et al.*, 2007
YTT458	YKO200+YCplac22-ADH1-YTA10^{-6His} YCplac111-ADH1-YTA12^{E614Q}	Tatsuta *et al.*, 2007
YTT258	YKO200+YCplac22-ADH1-YTA10$^{E559Q-6His}$ YCplac111-ADH1-YTA12^{E614Q}	Tatsuta *et al.*, 2007
YTT474	YKO200+YCplac22-ADH1-YTA10^{-6His} YCplac111-ADH1-YTA12^{D689A}	Tatsuta *et al.*, 2007
YTT488	YKO200+YCplac22-ADH1-YTA10$^{D634A-6His}$ YCplac111-ADH1-YTA12	Tatsuta *et al.*, 2007
YTT489	YKO200+YCplac22-ADH1-YTA10$^{D634A-6His}$ YCplac111-ADH1-YTA12^{D689A}	Tatsuta *et al.*, 2007
YSA5	YKO200+YCplac22-ADH1-YTA10$^{M360K-6His}$ YCplac111-ADH1-YTA12^{M420K}	diese Arbeit
YSA6	YKO200+YCplac22-ADH1-YTA10$^{F361S-6His}$ YCplac111-ADH1-YTA12^{F421S}	diese Arbeit
YSA7	YKO200+YCplac22-ADH1-YTA10$^{F361A-6His}$ YCplac111-ADH1-YTA12^{F421A}	diese Arbeit
YSA8	YKO200+YCplac22-ADH1-YTA10$^{F361E-6His}$ YCplac111-ADH1-YTA12^{F421E}	diese Arbeit
YSA9	YKO200+YCplac22-ADH1-YTA10$^{G363A-6His}$ YCplac111-ADH1-YTA12^{G423A}	diese Arbeit
YTT501	YKO200+YCplac22-ADH1-YTA10$^{E388Q-6His}$ YCplac111-ADH1-YTA12^{R506A}	T. Tatsuta, unveröffentlicht
YTT505	YKO200+YCplac22-ADH1-YTA10$^{R447A-6His}$ YCplac111-ADH1-YTA12^{E448Q}	T. Tatsuta, unveröffentlicht
W303-1A	*MATa ade2-1 his3-11,15 leu2,112 trp1-1 ura3-52 can1-100*	Rothstein and Sherman, 1980
Δ*yme1*	*MATa ade2-1 his3-11,15 leu2,112 trp1-1 ura3-52 can1-100 yme1::URA3*	Leonhard *et al.*, 1999
YIA29	*MATa ade2-1 his3-11,15 leu2,112 trp1-1 ura3-52 can1-100 mdl1::HIS3MX6*	Arnold *et al.*, 2006
YIA31	*MATa ade2-1 his3-11,15 leu2,112 trp1-1 ura3-52 can1-100 yme1::KanMX4; mdl1::HIS3MX6*	Arnold *et al.*, 2006
YSA1	*MATa ade2-1 his3-11,15 leu2,112 trp1-1 ura3-52 can1-100 NDE13HA(HIS3MX6)*	diese Arbeit
YSA2	*MATa ade2-1 his3-11,15 leu2,112 trp1 ura3-52 can1-100 NDE13HA(HIS3MX6) yme1::KanMX4*	diese Arbeit

W303-1B	*MATα ade2-1 his3-11,15 leu2,112 trp1-1 ura3-1 can1-100*	Rothstein and Sherman, 1980
Δ*prd1*	*MATα ade2-1 his3-11,15 leu2,112 trp1-1 ura3-1 can1-100 prd1::HIS3MX6*	Kambacheld *et al.*, 2005
Δ*mop112*	*MATα ade2-1 his3-11,15 leu2,112 trp1-1 ura3-1 can1-100 mop112::KanMX4*	Kambacheld *et al.*, 2005
Δ*prd1* Δ*mop112*	*MATα ade2-1 his3-11,15 leu2,112 trp1-1 ura3-1 can1-100 prd1::HIS3MX6 mop112::KanMX4*	Kambacheld *et al.*, 2005

2.2.2 Kultivierung von *S. cerevisiae*

Hefezellen wurden standardmäßig bei 30℃ in Lactat-Medium, YP-Vollmedium oder, falls eine Selektion auf Auxotrophiemarker erforderlich war, auf synthetischem Minimalmedium kultiviert (Sherman, 2002; Tatsuta and Langer, 2007). Als Kohlenstoffquelle wurden 2% (m/v) Lactat, 2% (m/v) Glucose oder 1,75% (m/v) Galactose und 0,5% (m/v) Lactat zugesetzt. Zellen wurden über mehrere Tage kultiviert, ohne dass sie die stationäre Phase erreichten. Dann wurde die Hauptkultur angeimpft und je nach Verwendungszweck bei Erreichen einer OD_{600} von 1,8 bis 4,0 geerntet. Um Glycerin-Stammkulturen herzustellen, wurden Hefezellen von einer Agarplatte mit einer Impföse in 15% (v/v) Glycerin überführt und bei -80℃ aufbewahrt.

2.3 Proteinbiochemische und zellbiologische Methoden

2.3.1 Ni-Affinitätschromatographie

Die Reinigung von *m*-AAA-Proteasekomplexen erfolgte aus isolierten Mitochondrien (Tatsuta and Langer, 2007) entweder im Batch-Verfahren mit Ni-gekoppelten Sepharosebeads (Ni Sepharose HP, Firma GE Healthcare), oder zur Proteinreinigung für Elektronenmikroskopie (EM) unter Verwendung einer mit Ni-gekoppelten Sepharosebeads gefüllten Säule (HisTrap HP Säule [1 ml], Firma GE Healthcare). Die säulenchromatographische Affinitätsreinigung wurde an einem FPLC/HPLC-System (Äkta, Firma GE Healthcare) mit einer Flussrate von 0,3 ml/min durchgeführt. *m*-AAA-Proteasekomplexe wurden in Δ*yta10*Δ*yta12*-Zellen exprimiert, wobei entweder Yta10 oder Yta12 eine Hexahistidin-Peptidsequenz am Carboxy- bzw. Amino-Terminus aufwies. Isolierte Mitochondrien wurden bei einer Proteinkonzentration von 5 mg/ml in Lysispuffer (50 mM Tris/HCl, pH 7,2; 50 mM NaCl; 10% [v/v] Glycerol; 50 mM Imidazol; 1 mM PMSF; EDTA-freier Protease-Inhibitor-Cocktail [Firma Roche]; 1% [v/v] NP-40 oder 3% [m/v] β-Octylglucopyranosid [zur Proteinreinigung für EM]) resuspendiert und für 20 min bei 4℃ inkubiert. Alle 5 min wurde die Lösung für je 15 s mit einem Vortex-Mixer gemischt. Anschließend wurden nicht-solubilisierte Bestandteile durch Zentrifugation für 20 min bei 30.000 *g* und 4℃ abgetrennt. Derweil wurden Ni-gekoppelte Sepharosebeads (50 µl) bzw. die Affinitätssäule mit Lysispuffer äquilibriert.

Für die Reinigung nach dem Batch-Verfahren wurde das Lysat aus 5 mg Mitochondrien auf die Sepharosebeads gegeben, diese wurden für 1 h über Kopf geschüttelt (20 Upm) und anschließend dreimal mit 1250 µl Waschpuffer (50 mM Tris/HCl, pH 7,2; 150 mM NaCl; 10% [v/v] Glycerol; 70 mM Imidazol; 1 mM PMSF; 0,2% [v/v] NP-40) für je 5 min gewaschen. Sepharosebeads wurden dabei jeweils durch Zentrifugation für 1 min (4.000 *g*, 4°C) sedimentiert. Zur Elution gebundener Proteasekomplexe wurden die Sepharosebeads in 200-500 µl Elutionspuffer (50 mM Tris/HCl, pH 7,2; 150 mM NaCl; 10% [v/v] Glycerol; 300 mM Imidazol; 0,2% [v/v] NP-40) für 20 min über Kopf geschüttelt (20 Upm) und anschließend durch 1-minütige Zentrifugation (4.000 *g*, 4°C) abgetrennt. Eluierte *m*-AAA-Proteasekomplexe wurden dann sowohl für enzymatische Assays eingesetzt als auch durch SDS-PAGE und Western-Blot oder Coomassie-Färbung (Laemmli *et al.*, 1970; Neuhoff *et al.*, 1990) analysiert.

Erfolgte die Reinigung über eine Säule, wurde das Solubilisat aus 800 mg Mitochondrien appliziert. Anschließend wurde die Säule dreimal mit je 12 ml Puffer W (50 mM Tris/HCl, pH 8; 150 mM NaCl; 10% [v/v] Glycerol; 1 mM PMSF; 1% β-Octylglucopyranosid) gewaschen, dem ansteigende Mengen Imidazol (130, 150 und 180 mM) zugesetzt waren. Gebundene Komplexe wurden mit Puffer E (50 mM Tris/HCl, pH 7,2; 150 mM NaCl; 10% [v/v] Glycerol; 500 mM Imidazol; 1% [m/v] β-Octylglucopyranosid) in einem Volumen von 2,1 ml von der Säulenmatrix eluiert. Fraktionen (je 0,3 ml), die *m*-AAA-Proteasekomplexe enthielten, wurden vereinigt und mit einem Vivaspin-Konzentrator (Vivaspin2, Firma Vivascience) durch Zentrifugation (2.000 *g*, 4°C) auf ein Volumen von 500 µl konzentriert. Das Konzentrat wurde durch Größenausschlusschromatographie aufgetrennt.

2.3.2 Größenausschlusschromatographie von Proteasekomplexen

Eluate der Ni-Affinitätschromatographie (siehe 2.3.1) wurden durch Größenausschlusschromatographie (Gelfiltration) aufgetrennt, um *m*-AAA-Proteasekomplexe von nicht-assemblierten Untereinheiten und kontaminierenden Proteinen zu separieren. 500 µl konzentriertes Eluat wurden auf eine Gelfiltrationssäule (Superose 6, Firma GE Healthcare) appliziert, die zuvor mit Puffer G (50 mM Tris/HCl, pH 7,2; 150 mM NaCl; 10% [v/v] Glycerol; 1% [m/v] β-Octylglucopyranosid) äquilibriert worden war. Die Probe wurde bei einer Flussrate von 0,3 ml/min aufgetrennt und in 0,5 ml-Fraktionen eluiert. Fraktionen, die *m*-AAA-Proteasekomplexe enthielten, wurden vereinigt und mit einem Vivaspin-Konzentrator (Vivaspin2, Firma Vivascience) durch Zentrifugation (2.000 *g*, 4°C) auf ein Volumen von 20 µl konzentriert. Das Ko nzentrat wurde aliquotiert (je 1 µl), in flüssigem Stickstoff eingefroren und bis zur Analyse durch Cryo-Elektronenmikroskopie bei -80°C gelagert. Die Eichung der Superose 6-Säule wurde mit folgenden Markerproteinen durchgeführt: Thyroglobulin (870 kDa), Apoferritin (440 kDa), Alkoholdehydrogenase (150 kDa) und BSA

(66 kDa) (GE Healthcare). Der Nachweis der Eichproteine erfolgte durch SDS-PAGE und Coomassie-Färbung (Neuhoff *et al.*, 1990).

2.3.3 Cryo-Elektronenmikroskopie

Die elektronenmikroskopische Analyse von *m*-AAA-Proteasekomplexen wurde am Baylor College of Medicine in Houston (USA) von Dr. Sukyeong Lee durchgeführt.

Durch Affinitäts- und Größenausschlusschromatographie gereinigte Proteasekomplexe (je 1 µl; 6 mg/ml) wurden mit 19 µl Puffer C (50 mM Tris/HCl pH 7,2; 150 mM NaCl; 10 mM $MgCl_2$; 5 mM ATP; 1% [m/v] β-Octylglucopyranosid) versetzt und dadurch auf eine Proteinkonzentration von 0,3 mg/ml verdünnt. Zur Stabilisierung wurden die Komplexe mit Glutaraldehyd (0,05% [v/v]) für 60 min auf Eis quervernetzt. Dann wurden die Proben, ohne zuvor die Quervernetzungsreaktion zu stoppen, durch Vitrifikation mit einem Vitrobot (Firma FEI) eingefroren: Zunächst wurden 2 µl des Ansatzes auf einen gelochten Kupfer-Grid (Quantifoil Mircro Tools), der mit einem dünnen kontinuierlichen Karbonfilm von etwa 20 Å überzogen war, aufgetragen. Nach Inkubation für 10 s wurde überschüssige Flüssigkeit vom Grid durch Filterpapier entfernt und der Grid anschließend sofort in flüssigem Ethan vitrifiziert.

Gefrorene Grids wurden bei -180℃ mit einem JEM-201 0F Elektronenmikroskop (Firma JEOL), das mit 200 keV betrieben wurde, analysiert. Aufnahmen wurden mit einer 4K x 4K CCD-Kamera bei 60.000-facher Vergrößerung unter Verwendung niedriger Elektronenemission (~17 $e^-/Å^2$) gemacht. Der Pixeldurchmesser resultierender Bilder entsprach 1,81 Å. Die Selektion einzelner Partikel erfolgte mit der Boxer-Funktion des Programms EMAN. CTF-Parameter („Contrast Transfer Function") wurden für jeden Mikrograph mit der EMAN-Funktion CTFIT bestimmt. Für die dreidimensionale Rekonstruktion wurde ein Tiefpass-gefiltertes Modell einer Hsp104-Rekonstruktion als initiales Modell verwendet. Verfeinerungen wurden mit dem Programm EMAN durchgeführt. Dabei erfolgte eine projektionsbasierte Partikelklassifizierung, gefolgt von einer CTF-korrigierten Mittelung der Partikel einzelner Klassen und der Konstruktion eines neuen dreidimensionalen Modells aus den Mittelungen. Die abgebildete Rekonstruktion beinhaltet 6.844 von 9.989 Aufnahmen einzelner Partikel. Die erreichte Auflösung wurde anhand der Fourier-Schalen-Korrelation zweier unabhängig voneinander durchgeführter Rekonstruktionen mit 12 Å ermitttelt.

2.3.4 Immunologischer Nachweis von Proteinen auf Nitrozellulosemembranen

Um Proteine nach der elektrophoretischen Auftrennung (Laemmli *et al.*, 1970) immunologisch nachweisen zu können, wurden sie nach dem Halbtrockenverfahren aus Polyacrylamidgelen auf eine Nitrozellulose-Membran transferiert (Towbin *et al.*, 1979). Zur Absättigung unspezifischer Bindungsstellen wurden die Nitrozellulosemembranen für 20 min in 5% (m/v) Magermilchpulver in TBS-Puffer (150 mM NaCl; 10 mM Tris/HCl, pH 7,4) bei RT inkubiert. Anschließend folgte eine 60-minütige Immundekoration mit einem spezifischen Antiserum (siehe Tabelle 2.4), das je nach Titer zwischen 1:250 und 1:10.000 mit 5% (w/v) Magermilchpulver in TBS-Puffer verdünnt war. Danach wurden die Membranen 5 min in TBS-Puffer, 15 min in TBS-Puffer mit 0,05% (v/v) Triton X-100 und wieder 5 min in TBS-Puffer gewaschen. Um die gebundenen Antikörper nachzuweisen, wurden gegen Immunglobulin G von Kaninchen gerichtete Antikörper (Firma Biorad) verwendet, an die Meerrettich-Peroxidase gekoppelt ist. Diese Antikörper wurden 1:10.000 mit 5% (w/v) Magermilchpulver in TBS-Puffer verdünnt und die Membranen 30 min mit dieser Lösung inkubiert. Anschließend wurden die Membranen, wie nach der Dekoration mit dem ersten Antikörper, in TBS-Puffer, TBS-Puffer mit Triton X-100 und wieder in TBS-Puffer gewaschen. Gebundene Peroxidase wurde mit 2 ml eines 1:1-Gemisches chemilumineszierender Reagenzien nachgewiesen (Lösung 1: 10 ml 1 M Tris/HCl, pH 8,5; 1 ml Luminol [44 µg/ml in DMSO]; 440 µl p-Coumarinsäure [15 µg/ml in DMSO]; ad 100 ml H_2O. Lösung 2: 10 ml 1 M Tris/HCl, pH 8,5; 60 µl 30% Wasserstoffperoxid; ad 100 ml H_2O). Die Membranen wurden für 1 min mit der Lumineszenz-Lösung inkubiert. Die Chemilumineszenz wurde durch Exposition eines Röntgenfilms für 5 s bis zu 10 min dokumentiert. Proteinbanden wurden durch densiometrische Auswertung mit der Image Station 440 der Firma Kodak und dem Computerprogramm Kodak 1 D Image Analysis Software quantifiziert.

Tabelle 2.4: Verwendete Antiseren.

Antikörper	Antigen	Verdünnung	Referenz
α-Yta10	carboxy-terminales Peptid (C-EKYLDPKSNTE)	1:1.000	Arlt *et al.*, 1996
α-Yta12	Matrixdomäne	1:250	Tatsuta *et al.*, 2007
α-Ccp1	gesamtes Protein	1:1.000	Tatsuta *et al.*, 2007
α-Nde1	carboxy-terminales Peptid (C-KNLMTKLEE)	1:100	Augustin *et al.*, 2005
α-Cox2	gesamtes Protein	1:1.000	Herrmann *et al.*, 1995
α-IgG Kaninchen	IgG aus Kaninchen	1:10.000	Biorad

2.3.5 Bestimmung der Proteinkonzentration gereinigter *m*-AAA-Proteasekomplexe

m-AAA-Proteasekomplexe wurden durch die affinitätschromatographische Reinigung einer Hexahistidin-markierten Untereinheit des Komplexes isoliert. Zusätzlich zu *m*-AAA-Proteasekomplexen wurden dabei immer auch nicht-assemblierte markierte Untereinheiten gereinigt. Um abschätzen zu können, wie viel des gereinigten Proteins im Komplex assembliert war, musste die Proteinbestimmung durch SDS-PAGE aufgereinigter Untereinheiten erfolgen: Verdünnungen der zu analysierenden Proben wurden zusammen mit unterschiedlichen Proteinmengen des Standardproteins Phosphorylase b (Firma Sigma) durch SDS-PAGE (Laemmli *et al.*, 1970) aufgetrennt. Anschließend wurden separierte Proteine mit dem Fluoreszenzfarbstoff Deep Purple (Firma GE Healthcare) entsprechend den Herstellerangaben markiert. Mit einem Typhoon-Scanner (Firma GE Healthcare) konnte durch Anregung bei 532 nm die Fluoreszenz bei 610 nm gemessen und dadurch die Intensität einzelner Proteinbanden bestimmt werden. Für die Bestimmung der Proteinkonzentration von *m*-AAA-Proteasekomplexen wurde dabei jeweils die Bande quantifiziert, die keine Histidin-Markierung aufwies (in der Regel Yta12), um Rückschlüsse auf die Menge tatsächlich assemblierter Komplexe ziehen zu können.

2.3.6 Bestimmung der ATPase-Aktivität *in vitro*

Die ATPase-Aktivität isolierter *m*-AAA-Proteasekomplexe wurde durch den Nachweis von freiem Orthophosphat bestimmt (Lill *et al.*, 1990): *m*-AAA-Proteasekomplexe wurden in 50 µl Puffer E (50 mM Tris/HCl, pH 7,2; 150 mM NaCl; 10% [v/v] Glycerol; 300 mM Imidazol; 0,2% [v/v] NP-40; 2 mM ATP; 4 mM Magnesiumacetat; 25 µM Zinkacetat; 1 mM DTT) aufgenommen (Endkonzentration 3,5 nM; basierend auf einem AAA-Protease Hexamer) und für unterschiedliche Zeitintervalle inkubiert. Der kolorimetrische Phosphatnachweis erfolgte durch Zugabe von 800 µl Malachitgrün-Reagenz (884 µM Malachitgrün; 8,5 mM Ammoniummolybdat; 995 mM HCl; 0,1% [v/v] Triton X-100). Nach 1-minütiger Inkubation wurden 100 µl Zitronensäure (34% [m/v]) zugesetzt, um die nicht-enzymatische ATP-Hydrolyse von ATP durch unkomplexiertes Molybdat zu verhindern. Der Ansatz wurde für weitere 40 min inkubiert und die Extinktion bei 640 nm bestimmt. Zur Eichung wurden unterschiedliche Verdünnungen einer KH_2PO_4 -Lösung eingesetzt (1-30 nmol P_i pro Probe).

2.3.7 Nachweis von gebundenem ATP

ATP wurde durch einen hochsensitiven Biolumineszenz-Assay (Firma Biaffin) nachgewiesen. Dieser beruht auf der ATP-abhängigen Oxidation von D-Luziferin zu Oxyluziferin durch das Enzym Luziferase. Dabei entstehende Lumineszenz kann mit einem Bioluminometer detektiert werden. Gereinigte *m*-AAA-Proteasekomplexe wurden in 50 µl Puffer F aufgenommen (50 mM Tris/HCl, pH 7,2; 150 mM NaCl; 10% [v/v] Glycerol; 300 mM Imidazol; 0,2% [v/v] NP-40) und entweder direkt, oder nach 5-minütiger Inkubation bei 95℃ zur Freis etzung von gebundenem ATP, mit dem gleichen Volumen Luziferase-Reagenz (Firma Biaffin) versetzt. Die Proben wurden gemischt und anschließend für 10 min bei Raumtemperatur inkubiert. Die Lumineszenz wurde in einem

Luminometer (Luminoscan Ascent, Firma Thermo Scientific) bei 560 nm detektiert. Zur Eichung wurden unterschiedliche Verdünnungen einer ATP-Lösung eingesetzt (0,01-100 pmol ATP/Probe).

2.3.8 Isolierung von Peptiden mitochondrialer Proteine

Die Analyse des mitochondrialen Peptidexports wurde mit Mitochondrien aus Hefezellen durchgeführt, die unter respiratorischen Bedingungen auf Lactat gewachsen waren. Durch Dichtegradientenzentrifugation gereinigte Mitochondrien (13,5 mg) (Meisinger *et al.*, 2000; Tatsuta and Langer, 2007) wurden auf 20 Reaktionsgefäße aufgeteilt und anschließend sofort zentrifugiert (5 min, 12.000 *g*, 4℃). Nach zweimaligem Waschen mit je 1 ml SHKCl- Puffer (0,6 M Sorbitol; 50 mM HEPES/KOH, pH 7,4; 80 mM KCl) wurden die Sedimente in 20 µl 1 x Puffer T (0,9 M Sorbitol; 225 mM KCl; 22,5 mM $KHPO_4$; 30 mM Tris/HCl, pH 7,4; 19 mM $MgSO_4$; 6 mM ATP; 0,75 mM GTP; 0,5 mM Aminosäuregemisch [alle proteinogenen Aminosäuren außer Methionin, Cystein und Thyrosin]; 0,1 mM Cystein; 10 mM Tyrosin; 90 mM α-Ketoglutarat; 75 mM Phosphoenolpyruvat; 0,02% [m/v] Pyruvatkinase) resuspendiert, vereinigt und mit 1 x Puffer T auf 500 µl aufgefüllt. Der Ansatz wurde auf fünf Reaktionsgefäße verteilt und für 30 min bei 30 oder 37℃ inkubiert. Durch Zentrifugation wurden die Mit ochondrien sedimentiert (3 min, 14.000 *g*, 4℃). Die Überstände wurden abgenommen, vereinigt und schließlich bis zur weiteren Analyse durch Größenausschlusschromatographie bei -20℃ gelagert.

2.3.9 Hemmung der Proteolyse und des Exports mitochondrialer Proteine

Um den Abbau mitochondrialer Proteine durch ATP-abhängige Proteasen sowie den Transport von Peptiden durch ATP-abhängige Transporter zu hemmen, wurden gereinigte Mitochondrien (13,5 mg) (Meisinger *et al.*, 2000) auf 20 Reaktionsgefäße aufgeteilt und in 1 x Puffer T (siehe 2.3.8) inkubiert, der weder Energiesubstrate (ATP, GTP, α-Ketoglutarat), noch ein ATP-regenerierendes System (Pyruvatkinase/Phosphoenolpyruvat) enthielt. Zusätzlich wurde das Enzym Apyrase zugegeben (0,12 U/mg Mitochondrien), um vorhandenes ATP abzubauen. Außerdem wurde Oligomycin zugefügt (0,025 mg/mg Mitochondrien), um die ATP-Neusynthese durch die ATP-Synthase zu hemmen. Nach fünfminütiger Inkubation bei 25℃ wurden die Proben für 5 min zentrifugiert (12.000 *g* bei 4℃). Die Mitochondriensedimente wurden zweima l mit 1 ml SHKCl-Puffer (siehe 2.3.8) gewaschen und dann in je 20 µl 1 x Puffer T resuspendiert, der weder Energiesubstrate noch ATP-regenerierende Systeme enthielt (siehe oben). Zudem waren wieder Apyrase und Oligomycin zugesetzt (siehe oben). Die weitere Behandlung der Proben erfolgte wie unter 2.3.8 beschrieben.

2.3.10 Synthese und Abbau mitochondrial kodierter Proteine

Mitochondriale Peptide wurden durch Größenausschlusschromatographie gereinigt. Um dabei das Elutionsvolumen der Peptide bestimmen zu können, wurde die verwendete Säule zuvor mit radioaktiven Peptiden geeicht (Young *et al.*, 2001). Diese wurden generiert, indem mitochondrial kodierte Proteine in isolierten Mitochondrien in Gegenwart von [^{35}S]-Methionin exprimiert und anschließend dem Abbau ausgesetzt wurden; mitochondrial kodierte Proteine werden in Abwesenheit von kernkodierten Assemblierungspartnern abgebaut. Zur Translation mitochondrial kodierter Proteine *in organello* wurden 67 µg durch Dichtegradientenzentrifugation gereinigte Mitochondrien (Meisinger *et al.*, 2000) in 100 µl 1 x Puffer T (siehe 2.3.8) aufgenommen. Nach dreiminütiger Inkubation bei 30℃ wurde der Ansatz mit 3,3 µl 50 mM [^{35}S]-Methionin versetzt und damit die Translation initiiert. Die Translation erfolgte für 20 min bei 30℃. Durch die anschließende Zugabe von 25 µl unmarkiertem Methionin (0,2 M) wurde der Einbau des [^{35}S]-Methionins gestoppt. Die Probe wurde 5 min bei 4℃ inkubiert und dann zentrifugiert (5 min, 12.000 *g*, 4℃). Das Sediment wurde zweimal mit je 1 ml SHKCl-Puffer (siehe 2.3.8) gewaschen (12.000 *g* bei 4℃ für 5 min) und dann in 50 µl 1 x Puffer T resuspendiert. Der Ansatz wurde anschließend zum Abbau der translatierten mitochondrialen Proteine für 30 min bei 37℃ inkubiert. Nach einer dreiminütigen Zentrifugation (14.000 *g* bei 4℃) wurde der Überstand, der exportierte Peptide enthielt, abgenommen und mit 1 x Puffer T je nach Verwendungszweck auf 100-500 µl Endvolumen aufgefüllt. Die Probe wurde bis zur Analyse durch Gelfiltration bei -20℃ gelagert.

2.3.11 Auftrennung von Peptiden durch Größenausschluss-chromatographie

Das heterogene Gemisch mitochondrialer Peptide und Aminosäuren wurde mit Hilfe einer Superdex Peptide PE 7,5/300-Säule (Firma GE Healthcare) der Größe nach aufgetrennt. Diese Säule ist für die Auftrennung von Molekülen in einem Bereich von 100-7.000 Da geeignet und besitzt ein Trägermaterial aus Agarose, die mit Dextran vernetzt ist. Die Größenausschlusschromatographie (Gelfiltrationschromatographie) wurde bei einer Flussrate von 0,5 ml/min und einem Druck von ca. 1,2 MPa durchgeführt, wobei ein filtrierter und durch Unterdruck entgaster Acetonitril-Puffer (40% [v/v] Acetonitril; 0,1% [v/v] Trifluoressigsäure [TFA]) als mobile Phase diente; der Ionenpaarbildner TFA war zugesetzt, um die Ladungen der Peptide zu maskieren. Das Probenvolumen betrug 500 µl. Es wurden analytische Eichläufe mit radioaktiven Peptiden oder präparative Läufe mit dem Überstand von 13,5 mg Mitochondrien durchgeführt. Das aufgetrennte Gemisch wurde nach Elution von der Säule in Fraktionen von je 300 µl aliquotiert. Wurden radioaktiv markierte Peptide aufgetrennt, so bestand die Möglichkeit, diese anhand ihrer Strahlung nachzuweisen. Dafür wurden die gesammelten Fraktionen mit je 1 ml Szintillationsflüssigkeit (UltimaGold) versetzt, kräftig gemischt (Vortex-Mischer), und mit Hilfe eines

Szintillationszählers (Beckman LS 5.000 TD) wurde die enthaltene Radioaktivität gemessen. So konnte exakt bestimmt werden, in welchen Fraktionen markierte Peptide vorhanden waren.

2.3.12 Konzentrierung von Peptidgemischen nach Gelfiltration

Bei der Gelfiltrationschromatographie (siehe 2.3.11) wurden die aufgetrennten Peptide in acetonitrilhaltigem Puffer verdünnt. Für anschließende Analysen durch Massenspektrometrie wurden jedoch kleine Volumina konzentrierter acetonitrilfreier Peptidgemische benötigt. Daher wurden Fraktionen, die Peptide von Interesse enthielten, vereinigt und anschließend in einer Evaporationszentrifuge (Univapo) der Firma Uniequip auf Volumina von 10 µl konzentriert, wobei das Acetonitril verdampfte.

2.3.13 Analyse von Peptiden durch Massenspektrometrie

Unter Massenspektrometrie (MS) versteht man eine Analysetechnik zur Bestimmung der Molekülmasse freier Ionen im Hochvakuum. Ein Massenspektrometer besteht aus einer Ionenquelle, in der aus einer Substanzprobe ein Strahl gasförmiger Ionen erzeugt wird, einem oder mehreren Massenanalysatoren, die die Ionen hinsichtlich des Masse/Ladungsquotienten (m/z) auftrennen, und schließlich einem Detektor, der ein Massenspektrum liefert, aus dem abgelesen werden kann, welche Ionen gebildet worden sind. Die Ionisierung der Analytmoleküle geschieht durch Aufnahme oder den Verlust eines Elektrons. Dies wird beispielsweise dadurch erreicht, dass die gelöste Probe in einem elektrischen Feld versprüht wird (Elektrospray-Ionisation, ESI).

Die massenspektrometrische Analyse von Peptiden wurde am Zentrum für Molekulare Medizin Köln (ZMMK) durchgeführt. Dabei wurde ein ESI-QUAD-TOF-Instrument (Q-TOF II) der Firma Micromass benutzt, dem ein Reversed-Phase-HPLC-System (Ultima nano-LC-System) der Firma LC Packings vorgeschaltet war. Diese Kopplung von Chromatographie und ESI-MS/MS wird auch als LC-MS/MS bezeichnet. Das Reversed-Phase-HPLC-System bestand aus einer Trap-Säule (0,3 mm x 1 mm) und einer nachgeschalteten analytischen Säule (0,075 mm x 150 mm) sowie einem Autosampler. Beide Säulen enthielten als stationäre Phase Kieselgele, die mit C_{18} (n-Octadecyl) substituiert waren.

Aus 13,5 mg Mitochondrien wurde ein heterogenes Gemisch exportierter Peptide und Aminosäuren isoliert, durch Gelfiltration aufgetrennt und fraktioniert (siehe 2.3.11). Fraktionen, in denen mitochonriale Peptide eluierten (in der Regel die Fraktionen 3-7), wurden vereinigt. Anschließend wurde das Peptidgemisch auf ein Volumen von 9 µl eingeengt (siehe 2.3.12). Durch Zugabe von 1 µl 1% (v/v) TFA wurden die Proben auf eine Endkonzentration von 0,1% TFA (v/v) eingestellt. 2,5 µl der Probe wurden auf die Trap-Säule aufgetragen und bei einer Flussrate von 30 µl/min für 3 min mit 0,1% (v/v) TFA entsalzt. Anschließend wurde die Trap-Säule in den analytischen Lauf geschaltet, und die Peptide wurden mit Hilfe eines Gradienten von 2% (v/v) Acetonitril in 0,1% (v/v) Ameisensäure nach 60% (v/v) Acetonitril in 0,1% (v/v) Ameisensäure über

60 min auf die analytische Säule eluiert, wo sie durch hydrophobe Wechselwirkungen mit der Säulenmatrix aufgetrennt wurden. Die Flussrate betrug dabei in etwa 200 nl/min. Das Säuleneluat wurde direkt der Elektrospray-Quelle (PicoTip spray emitter) der Firma New Objective zugeführt. Die Analyten wurden durch das Anlegen einer Spannung von 2,5-3,0 kV an das distale Ende der Sprühspitze ionisiert und zu einem Ionenstrahl gebündelt. Durch Übersichtsscans mit Hilfe eines Quadrupolanalysators wurden zweifach und dreifach geladene Ionen für die Analyse durch MS/MS ausgewählt. Ein Übersichtsscan dauerte eine Sekunde, wobei Moleküle eines Masse/Ladungs-Verhältnisses von m/z = 400 bis m/z = 1.400 untersucht wurden. Bei der MS/MS-Analyse wurden ausgewählte Ionen durch Kollision mit einem Stoßgas fragmentiert und entstehende Moleküle eines Masse/Ladungs-Verhältnisses von m/z = 400 bis m/z = 1.400 für eine Sekunde gescannt, wobei jeweils fünf Scans pro Analyse durchgeführt wurden. Somit erfolgte die Analyse in zwei Dimensionen: Während durch den Übersichtsscan die Gesamtmasse der Ionen bestimmt wurde, diente die anschließende Fragmentierung dazu, Zerfallsserien zu bilden. Durch Kombination der Gesamtmasse mit den Einzelmassen der überlappenden Fragmente war es möglich, Rückschlüsse auf die Peptidsequenz zu ziehen. Aus den erhaltenen Rohdaten konnten MS/MS-Spektren generiert werden. Dazu wurde die masslynx-Software der Firma Micromass verwendet.
Zur Auswertung der Massenspektren wurde das Computerprogramm Mascot (Matrix Science) verwendet. Diese Suchmaschine kann den generierten Spektren durch Vergleich mit einer zuvor definierten Datenbank Peptide zuordnen. Dabei werden experimentell erhaltene Daten mit berechneten Peptidmassen verglichen. Wird eine Übereinstimmung gefunden, so errechnet das Programm wie wahrscheinlich es ist, dass es sich dabei nur um ein Zufallsereignis handelt. Je geringer diese Wahrscheinlichkeit ist, desto eher hat man ein Peptid identifiziert. Die Wahrscheinlichkeit wird in Form eines Zahlenwertes (P) ausgedrückt. Da es sich bei P in der Regel um einen sehr kleinen Wert handelt, wird dieser der Übersicht halber in den Wert W umgeformt (W = -10 x lg P). Je höher der Wert W für ein gefundenes Peptid ist, desto verlässlicher ist das Ergebnis der Suche. In dieser Arbeit wurden nur die Suchergebnisse berücksichtigt, bei denen W > 29 war.

2.3.14 Präparation zellulärer Membranen aus *S. cerevisiae*

Kulturen wurden über Nacht bei 30℃ in YPD-Medium herangezogen. Der OD_{600}-Wert wurde gemessen und die Menge Kultur, die einer OD_{600} von 10 entsprach, für die Präparation eingesetzt. Die Zellen wurden für 5 min pelletiert (3.000 *g*, RT) und anschließend in 300 µl eiskaltem SHKCl-Puffer (siehe 2.3.8) resuspendiert, dem PMSF (2 mM) zugesetzt war. Dann wurden Glaskügelchen (Ø ca. 0,5 mm) entsprechend einem Volumen von etwa 200 µl zugegeben und die Proben viermal für 30 s mit einem Vortex-Mixer gemischt und jeweils 30 s auf Eis inkubiert. Nach Zugabe von 400 µl eiskaltem SHKCl-Puffer wurden Glasperlen und nicht aufgeschlossene Zellen durch dreiminütige Zentrifugation bei 2.000 *g* abgetrennt. Der Überstand wurde 10 min bei 12.000 *g* und

4°C sedimentiert. Das Pellet wurde in 10 µl 1 x SDS-Probenpuffer aufgenommen und für 15 min bei RT geschüttelt (1.400 U/min). Proteine wurden nach SDS-PAGE (Laemmli *et al.*, 1970) und Western-Blot (Towbin *et al.*, 1979) durch Immundekoration nachgewiesen.

2.3.15 Präparation zellulärer Extrakte aus *S. cerevisiae*

Für die Herstellung von Zellextrakten wurden Hefezellen durch alkalische Lyse aufgeschlossen (Yaffe and Schatz, 1984). Zellen (0,3 OD_{600}-Einheit) wurden durch zweiminütige Zentrifugation (13.000 *g*, RT) sedimentiert und einmal mit H_2O gewaschen. Anschließend wurde das Zellpellet in 500 µl eiskaltem H_2O resuspendiert und 75 µl Lysis-Puffer (1,85 M NaOH; 7,4% (v/v) β-Mercaptoethanol; 10 mM PMSF; 5% (v/v) Ethanol) zugefügt. Nach Inkubation bei 4°C für 10 min wurden enthaltene Proteine durch TCA-Fällung (Tatsuta and Langer, 2007) extrahiert und anschließend durch SDS-PAGE (Laemmli *et al.*, 1970) und Western-Blot analysiert (Towbin *et al.*, 1979).

2.3.16 Verschiedene Methoden

Folgende bereits veröffentlichte Methoden wurden angewandt: Klonierung (Sambrook and Russell, 2001); Herstellung von Hefemedien (Sherman, 2002); SDS-PAGE (Laemmli *et al.*, 1970); Western-Blot (Towbin *et al.*, 1979); Isolierung genomischer DNA (Hoffman and Winston, 1987); Isolierung von Mitochondrien; TCA-Fällung (Tatsuta and Langer, 2007); Coomassie-Färbung (Neuhoff *et al.*, 1990).

3 Ergebnisse

3.1 Struktur und Funktionsweise der *m*-AAA-Protease

Die *m*-AAA-Protease ist ein hochmolekularer Komplex in der Innenmembran von Mitochondrien, der in Hefe aus zwei Untereinheiten aufgebaut ist: Yta10 und Yta12 (Arlt *et al.*, 1996). Bisher ist jedoch weder die Stöchiometrie noch die Anordnung der Untereinheit im *m*-AAA-Proteasekomplex bekannt. Auch die Anzahl der Untereinheiten ist nicht geklärt. Röntgenstrukturanalysen homologer AAA^{+}-Proteine deuten jedoch darauf hin, dass es sich bei der *m*-AAA-Protease um ein Hexamer handelt (Bieniossek *et al.*, 2006; Suno *et al.*, 2006). Unklar ist auch, warum die *m*-AAA-Protease in *S. cerevisiae* als Hetero-Oligomer vorliegt (Arlt *et al.*, 1996), wohingegen die ebenfalls in der Innenmembran lokalisierte *i*-AAA-Protease und die homologe bakterielle Protease FtsH homo-oligomere Komplexe ausbilden (Leonhard *et al.*, 1996; Bieniossek *et al.*, 2006). Das Vorhandensein von zwei unterschiedlichen Untereinheiten könnte für den ATPase-Zyklus und den Substratabbau in der mitochondrialen Matrix wichtig sein. Den funktionellen Unterschied zwischen der hetero-oligomeren *m*-AAA-Protease in *S. cerevisiae* und ihren homo-oligomeren Homologen zu verstehen, wäre besonders in Hinblick auf die *m*-AAA-Protease höherer Eukaryonten von Bedeutung, da in diesen neben hetero-oligomeren auch homo-oligomere *m*-AAA-Proteasekomplexe identifiziert werden konnten (Koppen *et al.*, 2007).

3.1.1 Hexamere Struktur der hetero-oligomeren *m*-AAA-Protease

3.1.1.1 Äquimolare Stöchiometrie der *m*-AAA-Proteaseuntereinheiten

Die beiden *m*-AAA-Proteaseuntereinheiten Yta10 und Yta12 sind für das Wachstum von Hefezellen auf nicht-fermentierbaren Kohlenstoffquellen essenziell (Arlt *et al.*, 1996). Sie formen in der mitochondrialen Innenmembran einen hetero-oligomeren Proteinkomplex, der in Detergenzextrakten ein Molekulargewicht von etwa 1 MDa aufweist (Arlt *et al.*, 1996). Dagegen besitzen homomere *m*-AAA-Proteasen, die bei Deletion von *YTA10* oder *YTA12* vorliegen, in Detergenzextrakten ein Molekuargewicht von lediglich 250 kDa (Arlt *et al.*, 1996). Diese homomeren Komplexe zeigen jedoch in isolierten Mitochondrien keine proteolytische Aktivität und können *in vitro* kein ATP hydrolysieren (nicht abgebildet).

Um das stöchiometrische Verhältnis der Untereinheiten des 1 MDa Komplexes zu ermitteln, wurde eine *m*-AAA-Protease-Variante, die Mutationen in den Walker-B-Motiven der ATPase-Domäne aufweist, in Δ*yta10*Δ*yta12*-Zellen exprimiert. Diese Variante wurde für die Reinigung ausgewählt, weil sich *m*-AAA-Proteasekomplexe mit Mutationen in den Walker-B-Motiven gegenüber Wildtyp-Komplexen durch eine höhere Stabilität, vermutlich verursacht durch eine geringere Dynamik der Untereinheiten, auszeichnen. Yta12 wurde in Δ*yta10*Δ*yta12*-Zellen überexprimiert. Anschließend wurden *m*-AAA-Proteasekomplexe mittels einer Histidin-markierten Yta10-Variante isoliert (Abbildung 3.1). Obwohl Yta12 deutlich höher exprimiert war als Yta10, war das stöchiometrische Verhältnis der Untereinheiten im Eluat in etwa gleich. Dieser Befund legt nahe, dass die Anzahl von Yta10- und Yta12-Untereinheiten im *m*-AAA-Proteasekomplex identisch ist.

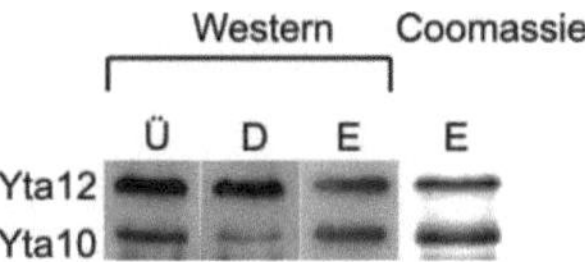

Abbildung 3.1: Stöchiometrisches Verhältnis von Yta10 und Yta12. Yta10$^{E388Q\text{-}6His}$ wurde in Δ*yta10*Δ*yta12*-Zellen exprimiert. Zusätzlich wurde in diesem Stamm Yta12^{E448Q} überexprimiert. Die Reinigung der *m*-AAA-Proteasekomplexe erfolgte durch Ni-Affinitätschromatographie. Die Proteine unterschiedlicher Fraktionen wurden durch SDS-PAGE aufgetrennt und anschließend entweder durch Western-Blot und Immundekoration mit Antikörpern, die gegen Yta10 oder Yta12 gerichtet waren, nachgewiesen (*links*) oder mit Coomassie angefärbt (*rechts*). *Ü*, solubilisierte Fraktion, die auf Ni-gekoppelte Agarosebeads appliziert wurde (40 µg Protein); *D*, Durchflussfraktion (40 µg Protein); *E*, Elutionsfraktion (160 ng Protein).

3.1.1.2 Analyse der Amino-Termini von Yta10 und Yta12

Die Untereinheiten *der m*-AAA-Protease werden als Vorläuferproteine in Mitochondrien importiert und dann amino-terminal prozessiert (Arlt *et al.*, 1996). Um die Amino-Termini von reifem Yta10 und Yta12 zu bestimmen, wurden Proteasekomplexe mit Mutationen in den Walker-B-Motiven wie unter 3.1.1.1 beschrieben exprimiert und isoliert. Gereinigte Proteine wurden am ZMMK (Zentrum für Molekulare Medizin Köln) durch Edman-Abbau amino-terminal sequenziert. Die Analyse ergab, dass die ersten 39 Aminosäuren von Yta12 bei der Reifung des Proteins entfernt werden. Bei der mit Yta10 durchgeführten amino-terminalen Sequenzierung wurde die 72. Aminosäure des Proteins als Amino-Terminus des reifen Yta10 identifiziert.

3.1.1.3 Die *m*-AAA-Protease ist ein hexagonaler Komplex

In den letzten Jahren konnten die Kristallstrukturen einiger AAA$^+$-Proteine aufgeklärt werden; darüber hinaus existieren elektronenmikroskopische Aufnahmen vieler AAA$^+$-Proteine, die Rückschlüsse auf die Struktur und die Symmetrie der Komplexe erlauben. Die meisten AAA$^+$-Proteasen bilden hexamere oder heptamere Ringe aus. Während von der AAA-Protease FtsH, dem bakteriellen Homolog der *m*-AAA-Protease, Kristallstrukuren cytoplasmatischer Domänen veröffentlicht sind (Niwa *et al.*, 2002; Bieniossek *et al.*, 2006; Suno *et al.*, 2006), liegen für mitochondriale *i*- und *m*-AAA-Proteasen bisher keine strukturellen Daten vor. Die strukturelle Analyse der *m*-AAA-Protease wird durch die Tatsache erschwert, dass die Transmembrandomänen von Yta10 und Yta12 für die Assemblierung des Komplexes essenziell zu sein scheinen (nicht abgebildet). Eine lösliche Form des Komplexes, die nur die Matrixdomänen beinhaltet, kann daher nicht gereinigt werden. Aus diesem Grund muss die *m*-AAA-Protease bei der Reinigung durch Zugabe eines Detergenz aus der mitochondrialen Innenmembran herausgelöst werden. In Abhängigkeit von den Eigenschaften des verwendeten Detergenz kann die Protease isoliert oder in einem Superkomplex vorliegen, der neben der *m*-AAA-Protease noch den sogenannten Prohibitinkomplex beinhaltet (Steglich *et al.*, 1999). Werden diese Komplexe durch Größenausschlusschromatographie analysiert, so eluiert der *m*-AAA-Proteasekomplex bei einer Größe von etwa 1 MDa, wohingegen der Superkomplex ein Molekulargewicht von ca. 2 MDa aufweist (Arlt *et al.*, 1996; Steglich *et al.*, 1999). Da solubilisierte Membranproteine in gemischten Micellen, bestehend aus Lipiden, Detergenz und Proteinen vorliegen, ist es jedoch nicht möglich, anhand des Laufverhaltens auf einer Gelfiltrationssäule die präzise Größe der Komplexe zu ermitteln. Um trotzdem die Anzahl der Untereinheiten der *m*-AAA-Protease zu bestimmen und einen Überblick über die Struktur des Enzyms zu bekommen, sollte der *m*-AAA-Proteasekomplex durch Elektronenmikroskopie analysiert werden.

Eine *m*-AAA-Proteasevariante mit Mutationen in den Walker-B-Motiven wurde in Δ*yta10*Δ*yta12*-Zellen überexprimiert, wobei die Yta12-Untereinheit eine Hexahistidinsequenz am Amino-Terminus des reifen Proteins enthielt. Diese Variante wurde verwendet, weil *m*-AAA-Proteasekomplexe mit Mutationen in den Walker-B-Motiven stabiler sind als Wildtyp-Komplexe (siehe 3.1.1.1) und weil Yta12-Untereinheiten, die eine Histidin-Peptidsequenz am Amino-Terminus tragen, eine stärkere Bindung mit Ni-gekoppelten Agarosebeads eingehen können als carboxy-terminal markierte Yta10-Varianten.

Der Komplex wurde durch Ni-Affinitätschromatographie isoliert, konzentriert und anschließend durch Größenausschlusschromatographie von nicht-assemblierten *m*-AAA-Proteaseuntereinheiten und kontaminierenden Proteinen getrennt (Abbildung 3.2). Dabei zeigte sich, dass der assemblierte *m*-AAA-Proteasekomplex unter den gegebenen Bedingungen deutlich über 1 MDa eluierte, obwohl die Protease nicht im Superkomplex mit Prohibitinen vorlag (nicht abgebildet). Ursache für das beobachtete Laufverhalten ist vermutlich die Größe der gemischten Micelle, die durch die Eigenschaften des verwendeten Detergenz ß-Octylglucopyranosid bestimmt wird.

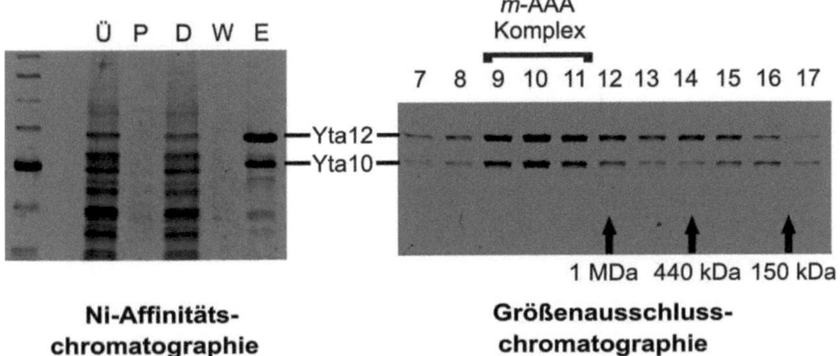

Abbildung 3.2: Reinigung der *m*-AAA-Protease. Eine ATPase-defiziente *m*-AAA-Proteasevariante (Yta10^{E388Q}/Yta12$^{E448Q\text{-}6His}$), die Mutationen in den Walker-B-Motiven aufweist, wurde in Δ*yta10*Δ*yta12*-Zellen überexprimiert. Der Komplex wurde durch Ni-Affinitätschromatographie isoliert (*links*) und anschließend durch Größenausschlusschromatographie gereinigt (*rechts*). Fraktionen, die den *m*-AAA-Proteasekomplex enthielten (*Fraktionen 9-11*), wurden vereinigt, bis zu einer Proteinkonzentration von 6 mg/ml konzentriert und anschließend für spätere Analysen bei -80℃ gel agert. Proteine einzelner Fraktionen wurden durch SDS-PAGE aufgetrennt und mit Coomassie angefärbt. *Ü*, solubilisierte Fraktion, die auf eine mit Ni-gekoppelten Agarosebeads gefüllte Säule appliziert wurde (40 µg Protein); *P*, Pelletfraktion nach Solubilisierung (Pellet von 40 µg Solubilisat) ; *D*, Durchflussfraktion (40 µg Protein); *E*, Elutionsfraktion (3 µg Protein). 7-17, Elutionsfraktionen der Größenausschlusschromatographie. Das Molekulargewicht einzelner Subkomplexe wurde anhand von Eichproteinen abgeschätzt.

Die gereinigten *m*-AAA-Proteasekomplexe wurden mit ATP versetzt, zur Stabilisierung mit Glutaraldehyd quervernetzt und dann auf einen Grid appliziert. Dieser wurde eingefroren und elektronenmikroskopisch untersucht (Abbildung 3.3). Auf dem Elektronenmikrograph in Abbildung 3.3A sind *m*-AAA-Proteasekomplexe als granuläre Partikel erkennbar. Partikel wurden entsprechend ihrer Ausrichtung in unterschiedliche Klassen gruppiert. Durch Mittelung der Partikel einzelner Klassen konnten zweidimensionale Rekonstruktionen der Protease generiert werden (Abbildung 3.3B). Rekonstruktionen, in denen der zylinderförmige *m*-AAA-Proteasekomplex vertikal zur Bildoberfläche ausgerichtet ist, lassen deutlich erkennen, dass die Protease ein Hexamer ist (Abbildung 3.3B oben). Aus den Rohdaten konnte zusätzlich ein dreidimensionales Modell der *m*-AAA-Protease rekonstruiert werden (Abbildung 3.4); dabei wurde von einer sechsfachen Symmetrie des Komplexes ausgegangen. In Abbildung 3.3C sind ausgewählte zweidimensionale Rekonstruktionen, die dem dreidimensionalen Modell zugrunde liegen, sowie unterschiedliche Reprojektionen des dreidimensionalen Modells dargestellt.

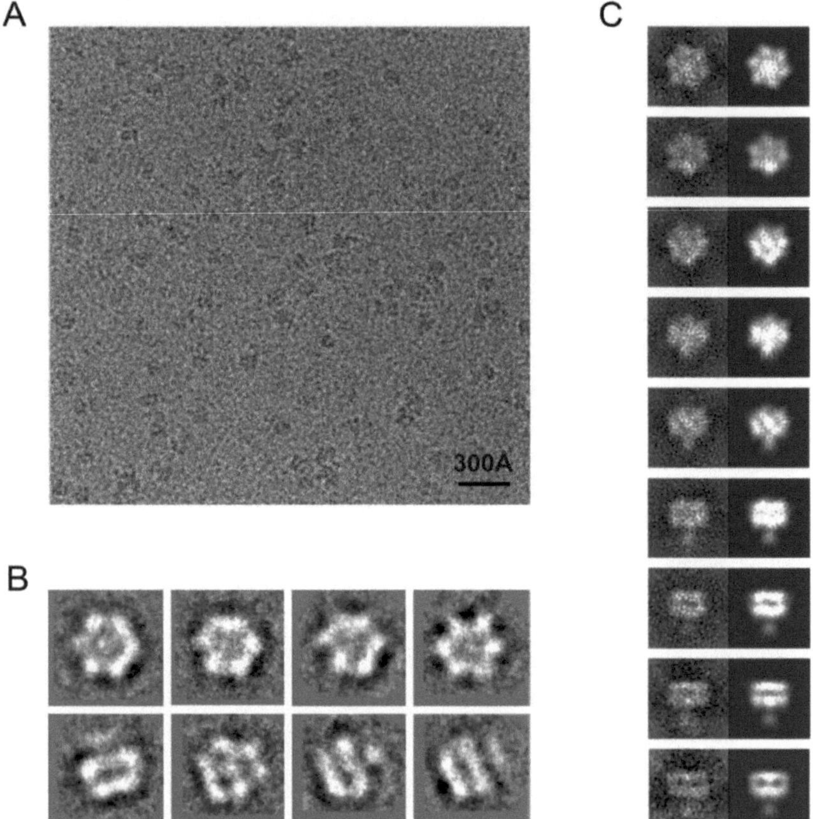

Abbildung 3.3: Cryo-Elektronenmikroskopie (Cryo-EM) isolierter *m*-AAA-Proteasekomplexe. *m*-AAA-Proteasekomplexe (6 mg/ml) wurden mit ATP-haltigem Puffer (5 mM) auf eine Proteinkonzentration von 0,3 mg/ml verdünnt, durch Glutaraldehyd (0,05%) quervernetzt und auf karbonbeschichtete Kupfer-Grids appliziert, die anschließend in flüssigem Ethan eingefroren wurden. Die elektronenmikroskopische Analyse der Grids erfolgte bei -180℃. (**A**) Repräsentativer Ausschnitt einer elektronenmikroskopischen Aufnahme (Elektronenmikrograph) von in Eis eingebetteten *m*-AAA-Proteasekomplexen; aufgenommen mit 60.000-facher Vergrößerung. (**B**) Mittelung elektronenmikroskopischer Aufnahmen von *m*-AAA-Proteasepartikeln. Ausgewählte zweidimensionale Rekonstruktionen von Partikeln einzelner Klassen sind dargestellt. *Oben*: Aufsichten, bei denen der zylinderförmige *m*-AAA-Proteasekomplex vertikal zur Bildoberfläche ausgerichtet ist. *Unten*: Seitenansichten. (**C**) gemittelte zweidimensionale Rekonstruktionen, die der dreidimensionalen Rekonstruktion zugrunde liegen (*links*) und Reprojektionen des *m*-AAA-Proteasekomplexes nach dreidimensionaler Rekonstruktion (*rechts*).

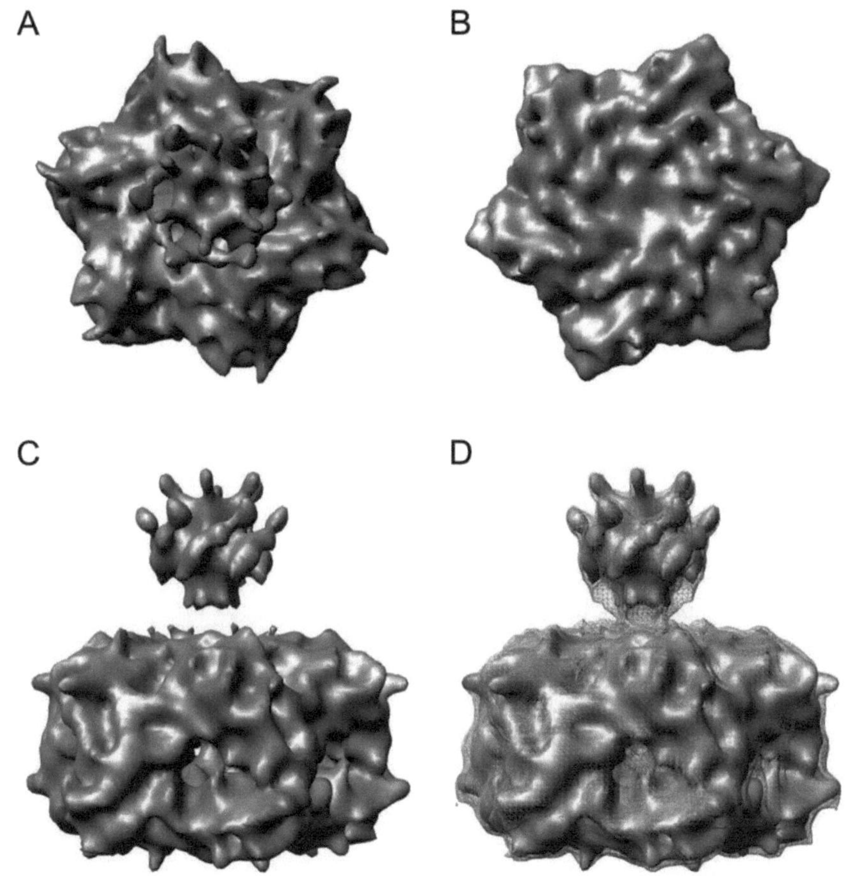

Abbildung 3.4: Dreidimensionale Rekonstruktion des *m*-AAA-Proteasekomplexes. (**A**) Aufsicht auf die ATPase-Domänen. (**B**) Aufsicht auf die proteolytischen Domänen. (**C**) Seitenansicht. (**D**) Seitenansicht aus (C) überlagert mit einer Rekonstruktion eines geringeren Signal-Rausch-Verhältnisses. Verwendete Partikelzahl: 6.844; Auflösung etwa 12 Å.

Der rekonstruierte Komplex (Abbildung 3.4) hat einen Durchmesser von 130 Å und eine Höhe von 135 Å; die Höhe der Hauptmasse liegt bei 80 Å. Interessanterweise sind in diesem Modell zusätzlich zu den Matrixdomänen noch weitere Strukturelemente der *m*-AAA-Protease erkennbar. Vermutlich handelt es sich dabei um die amino-terminalen Domänen der Protease, die *in vivo* in der mitochondrialen Innenmembran und im Intermembranraum lokalisiert sind. Während die kronenförmige Struktur wahrscheinlich die Intermembranraumdomänen verkörpert, stellt der Bereich zwischen dieser Struktur und der Hauptmasse vermutlich die Transmembranregionen dar.

Der in Abbildung 3.4C ausgesparte Bereich zeigt in der Rekonstruktion eine geringe Partikeldichte, was vermutlich durch die Flexibilität dieser Region zustande kommt. In Abbildung 3.4D ist die Seitenansicht aus 3.4C durch ein Modell, das ein geringeres Signal-Rausch-Verhältnis aufweist überlagert, um die Konnektivität zwischen der Hauptmasse und der kronenförmigen Struktur darzustellen.

Diese Daten belegen, dass die *m*-AAA-Protease ein Hexamer ist. Zur Bestimmung der Anordnung von Yta10 und Yta12 im Komplex wurden die Rohdaten ohne definierte Symmetrie prozessiert. Die generierten Modelle (nicht abgebildet) erlauben jedoch keine Rückschlüsse auf die Anordnung der Untereinheiten im Komplex.

3.1.2 Yta10 und Yta12 unterscheiden sich funktionell

Im Gegensatz zur mitochondrialen *i*-AAA-Protease und der FtsH-Protease in Bakterien, die beide homo-oligomere Komplexe formen, ist die *m*-AAA-Protease der Hefe ein hetero-oligomerer Komplex (Arlt *et al.*, 1996; Leonhard *et al.*, 1996; Bieniossek *et al.*, 2006). Weder Yta10 noch Yta12 alleine können funktionelle Komplexe ausbilden (siehe 3.1.1.1). Es ist anzunehmen, dass die Untereinheiten unterschiedliche Funktionen ausüben, die beide für die Aktivität des Proteasekomplexes notwendig sind.

AAA$^+$ ATPasen hydrolysieren ATP in konservierten ATP-Bindungstaschen, die sich an den Kontaktstellen der ATPase-Domänen befinden (Abbildung 3.5). An der ATP-Hydrolyse sind konservierte Sequenzmotive beteiligt: Das Walker-A und Walker-B-Motiv sowie das SRH-Motiv („Second Region of Homology").

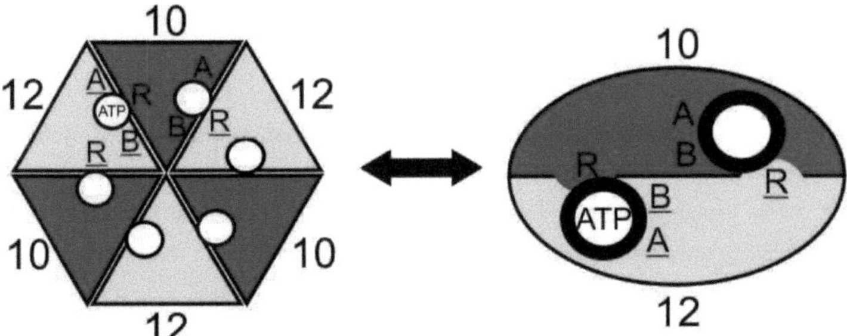

Abbildung 3.5: Vereinfachtes Modell der *m*-AAA-Protease. Es wird von einer alternierenden Anordnung der Untereinheiten ausgegangen. Die *m*-AAA-Protease enthält zwei Typen von ATP-Bindungstaschen, die als Yta10-Taschen und Yta12-Taschen bezeichnet werden. Zur Vereinfachung der Vorstellung wird das Hexamer als Dimer dargestellt. Eine Aufsicht auf die ATPase-Domänen ist abgebildet. Yta10-Untereinheiten sind dunkelgrau dargestellt, wohingegen Yta12-Untereinheiten hellgrau unterlegt sind. Konservierte Motive, die an der ATP-Hydrolyse teilnehmen, sind eingezeichnet; Motive von Yta12 sind *unterstrichen* dargestellt. *A*, Walker-A-Motiv; *B*, Walker-B-Motiv, *R*, SRH-Motiv mit mutmaßlichem Arginin-Finger.

Interessanterweise haben bestimmte Mutationen in den ATPase-Motiven von Yta10 oder Yta12 unterschiedliche Wachstumsphänotypen zur Folge (Abbildung 3.6) (T. Tatsuta, unveröffentlicht): Während die Mutation des Walker-B-Motivs von Yta10 begrenztes Wachstum auf Glycerol erlaubt, zeigen Hefezellen, die eine Mutation im Walker-B-Motiv von Yta12 tragen, keine respiratorische Kompetenz. Dagegen führen Mutationen der mutmaßlichen Arginin-Finger R447 in Yta10 oder R506 in Yta12 zum umgekehrten Ergebnis: Die Mutation des Arginin-Fingers von Yta10 verhindert das Wachstum auf nicht-fermentierbaren Kohlenstoffquellen, wohingegen die Mutation des Arginin-Fingers von Yta12 eingeschränktes Wachstum der Hefezellen zulässt. Da Arginin-Finger in der Regel die ATP-Hydrolyse in *trans* beeinflussen, ist diese Beobachtung konsistent mit einer alternierenden Anordnung der *m*-AAA-Protease (Hishida *et al.*, 2004). Generell haben Mutationen, welche die ATP-Bindungstasche von Yta12 betreffen, ausgeprägtere Wachstumsdefekte zur Folge als solche, bei denen die ATP-Bindungstasche von Yta10 beeinträchtigt ist. Somit scheint Yta12 eine wichtigere Funktion als Yta10 zuzukommen. Vergleicht man den Einfluss von Mutationen in den Walker-A-Motiven mit dem von Mutationen in den Walker-B-Motiven, so wird offensichtlich, dass Mutationen, bei denen die Walker-B-Motive betroffen sind, einen drastischen Effekt auf das respiratorische Wachstum von Hefezellen ausüben; hingegen beeinträchtigen Mutationen in den Walker-A-Motiven das Wachstum auf Glycerol nur geringfügig.

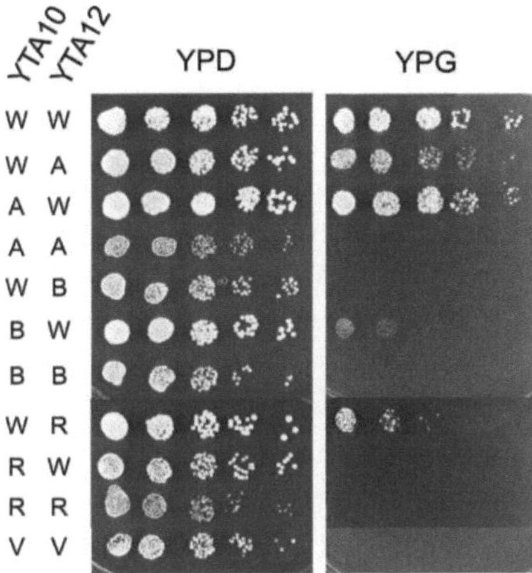

Abbildung 3.6: Wachstumsphänotyp unterschiedlicher *m*-AAA-Proteasevarianten, die Mutationen in konservierten Motiven der ATPase-Domänen tragen (T. Tatsuta, unveröffentlicht). Unterschiedliche Kombinationen von Wildtyp und mutierten *m*-AAA-Proteaseuntereinheiten wurden in Δ*yta10*Δ*yta12*-Zellen exprimiert. Die Stämme wurden auf ihre respiratorische Kompetenz hin untersucht. Dazu wurde das Wachstum auf fermentierbaren (*YPD*) und nicht-fermentierbaren (*YPG*) Kohlenstoffquellen miteinander verglichen. *W/W*, Yta10^{-6His}/Yta12; *W/A*, Yta10^{-6His}/Yta12^{K394A}; *A/W*, Yta10$^{K334A-6His}$/Yta12; *A/A*, Yta10$^{K334A-6His}$/Yta12^{K394A}; *W/B*, Yta10^{-6His}/Yta12^{E448Q}; *B/W*, Yta10$^{E388Q-6His}$/Yta12; *B/B*, Yta10$^{E388Q-6His}$/Yta12^{E448Q}; *W/R*, Yta10^{-6His}/Yta12^{R506A}; *R/W*, Yta10$^{R447A-6His}$/Yta12; *R/R*, Yta10$^{R447-6His}$/Yta12^{R506A}; *V/V*, leere Vektoren.

3.1.2.1 Mutationen im Walker-B-Motiv führen zu stabiler ATP-Bindung

Mutationen in den Walker-A-Motiven führen zu milderen Wachstumsphänotypen, als Mutationen in den Walker-B-Motiven. Um die Ursachen dieses Unterschieds zu ermitteln, wurde untersucht, welchen Effekt diese Mutationen auf die ATP-Bindung der ATPase-Domänen haben. Zur Detektion von gebundenem ATP wurden *m*-AAA-Proteasekomplexe in Abwesenheit von ATP gereinigt und anschließend ATP durch einen enzymatischen Assay, der auf der ATP-abhängigen Oxidation von Luziferin zu Oxiluziferin durch das Enzym Luziferase und der Emission von Licht beruht, nachgewiesen (Abbildung 3.7A). Mutationen in den Walker-B-Motiven führten zu stabiler ATP-Bindung, wohingegen Mutationen in den Walker-A-Motiven und Mutationen der Arginin-Finger die Interaktion mit ATP verhinderten.

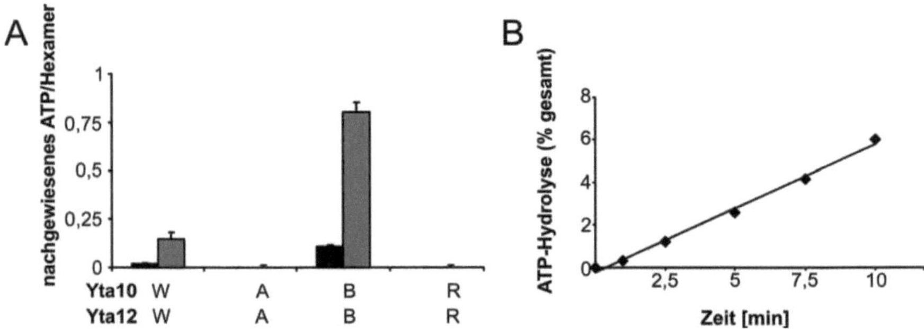

Abbildung 3.7: Einfluss von Mutationen in konservierten Motiven der AAA-Domänen auf die ATP-Bindung der *m*-AAA-Protease. (A) Nachweis von ATP. *m*-AAA-Proteasekomplexe wurden, wie unter 3.1.1.1 beschrieben, exprimiert und isoliert. Anschließend wurde ATP durch einen Luziferase-Assay nachgewiesen (*schwarze Balken*). Um gebundenes ATP für die Luziferase besser zugänglich zu machen, wurden die Proben vor der Nachweisreaktion für 5 min bei 95℃ inkubiert (*graue Balken*). *W/W*, Yta10^{-6His}/Yta12; *A/A*, Yta10$^{K334A-6His}$/Yta12^{K394A}; *B/B*, Yta10$^{E388Q-6His}$/Yta12^{E448Q}; *R/R*, Yta10$^{R447A-6His}$/Yta12^{R506A}. **(B)** Spontane ATP-Hydrolyse bei 95℃. Eine ATP-Lösung (5 mM) wurde für unterschiedliche Zeitintervalle bei 95℃ inkubiert und anschließend generiertes Orthoph osphat durch einen Malachitgrün-Assay nachgewiesen. Eine Regressionsgerade ist dargestellt (*schwarze Linie*; *R*=0,997).

Da die ATP-Bindung in ATP-Bindungstaschen erfolgt, die sich zwischen den ATPase-Domänen der *m*-AAA-Proteaseuntereinheiten befinden, bestand die Möglichkeit, dass zwar ATP gebunden war, dieses jedoch für das Enzym Luziferase nicht zugänglich war. Um diese Hypothese zu überprüfen, wurden *m*-AAA-Proteasekomplexe vor der enzymatischen Analyse bei 95℃ inkubiert, um gebundenes ATP freizusetzen. In diesen Proben konnte deutlich mehr ATP nachgewiesen werden als in unbehandelten (Abbildung 3.7A). Somit scheint ATP, das in ATP-Bindungstaschen der *m*-AAA-Protease gebunden ist, tatsächlich für die Luziferase nur begrenzt zugänglich zu sein.

Der bei der Denaturierung der Protease auftretende Verlust von ATP durch spontane Hydrolyse wurde durch Inkubation einer ATP-Lösung bekannter Konzentration bei 95℃ und nachfolgende Detektion von freigesetztem Phosphat analysiert. Er belief sich auf etwa 3% (Abbildung 3.7B).

Diese Befunde sind konsistent mit der Bedeutung des Walker-A-Motivs für die ATP-Bindung und der Rolle des Walker-B-Motivs bei der ATP-Hydrolyse (Walker *et al.*, 1982). Überraschend ist, dass auch Mutationen der Arginin-Finger die Interaktion mit ATP blockieren. Der drastische Wachstumsdefekt von Hefezellen, die *m*-AAA-Proteasevarianten mit Mutationen in den Walker-B-Motiven von Yta10 oder Yta12 exprimieren (siehe Abbildung 3.6), wird vermutlich durch stabile ATP-Bindung hervorgerufen.

3.1.2.2 ATP-Bindung an Yta12 blockiert die ATP-Hydrolyse durch Yta10

Mutationen in den konservierten ATPase-Domänen von Yta10 oder Yta12 beeinträchtigen das Wachstum von Hefezellen auf nicht-fermentierbaren Kohlenstoffquellen in unterschiedlicher Weise. Daher ist es wahrscheinlich, dass jeder Untereinheit eine individuelle Funktion bei der ATP-Hydrolyse zukommt.

Um die Wechselwirkung von Yta10 und Yta12 bei der ATP-Hydrolyse aufzuklären und dadurch den ATPase-Zyklus der *m*-AAA-Protease zu verstehen, wurde der Einfluss von Mutationen in den Walker-Motiven auf die ATPase-Aktivität der *m*-AAA-Protease untersucht (Abbildung 3.8A). *m*-AAA-Proteasekomplexe hydrolysierten ~2,9+/-0,5 µmol ATP/min/mg. Die Mutation des Walker-A-Motivs von Yta10 oder Yta12 reduzierte die ATPase-Aktivität der *m*-AAA-Protease um etwa 70%. Demnach muss die *m*-AAA-Protease ATP nicht strikt sequenziell hydrolysieren. Auch eine notwendigerweise zeitgleich stattfindende ATP-Hydrolyse in allen ATP-Bindungstaschen kann ausgeschlossen werden. Jedoch liegt die Restaktivität des Komplexes deutlich unter 50%, was dafür spricht, dass Kooperativität zwischen den Untereinheiten vorliegt. Die Mutation des Walker-B-Motivs von Yta10 hat einen ähnlichen Effekt auf die ATPase-Aktivität des Komplexes wie Mutationen der Walker-A-Motive von Yta10 oder Yta12. Überraschenderweise führt die Mutation des Walker-B-Motivs von Yta12 zu einer weitaus drastischeren Reduktion der ATPase-Aktivität des Komplexes; die Restaktivität liegt bei etwa 2% und somit bei nur 1/15 der nach Mutation des Walker-B-Motivs von Yta10 nachgewiesenen Aktivität. Wie in 3.1.2.1 gezeigt werden konnte, führen Mutationen in den Walker-B-Motiven zu stabiler ATP-Bindung, wohingegen Mutationen in den Walker-A-Motiven die Interaktion mit ATP verhindern. Yta10-Untereinheiten, die ATP gebunden haben, üben somit denselben Einfluss auf die ATPase-Aktivität von Yta12 aus wie Yta10-Untereinheiten, die kein ATP binden können. Im Gegensatz dazu beeinträchtigt die Bindung von ATP an Yta12 die ATPase-Aktivität der Yta10-Untereinheiten deutlich (Abbildung 3.8B): Die Bindung von ATP an Yta12 blockiert entweder die Bindung von ATP an Yta10 oder die Hydrolyse von ATP durch Yta10.

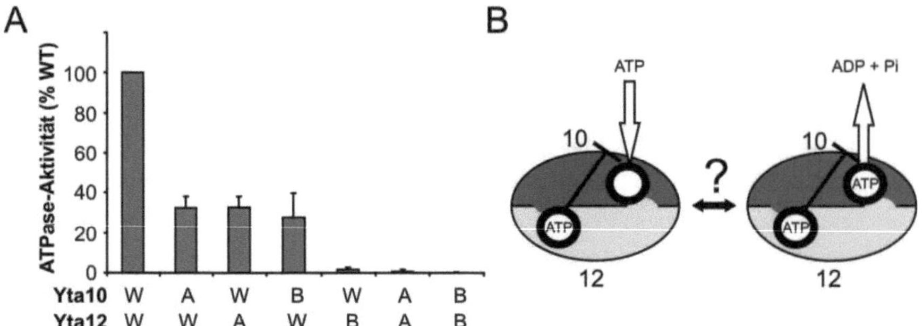

Abbildung 3.8: Einfluss von Mutationen in den Walker-Motiven der ATPase-Domänen auf die ATPase-Aktivität der *m*-AAA-Protease. (**A**) *In-vitro*-ATPase-Aktivitäten gereinigter *m*-AAA-Proteasevarianten, die unterschiedliche Mutationen in den Walker-Motiven aufweisen. *m*-AAA-Proteasekomplexe wurden, wie unter 3.1.1.1 beschrieben, exprimiert und isoliert. *W/W*, Yta10^{-6His}/Yta12; *A/W*, Yta10$^{K334A-6His}$/Yta12; *W/A*, Yta10^{-6His}/Yta12^{K394A}; *B/W*, Yta10$^{E388Q-6His}$/Yta12; *W/B* Yta10^{-6His}/Yta12^{E448Q}; *A/A*, Yta10$^{K334A-6His}$/Yta12^{K394A}; *B/B*, Yta10$^{E388Q-6His}$/Yta12^{E448Q}. (**B**) Vereinfachtes Arbeitsmodell für die Blockade der Bindung von ATP an Yta10 durch an Yta12 gebundenes ATP (*links*) und die Blockade der Hydrolyse von ATP in Yta10 durch an Yta12 gebundenes ATP (*rechts*). ATP-Bindung an Yta12 blockiert die ATP-Bindung an oder die Hydrolyse durch Yta10. Yta10- und Yta12-Untereinheiten sind dunkel- bzw. hellgrau unterlegt.

Falls die ATP-Bindung an Yta12 die Bindung von ATP an Yta10 blockiert, sollte Yta10 in Gegenwart von an Yta12 gebundenem ATP eine niedrigere Affinität für ATP aufweisen als in Gegenwart von ATP-freiem Yta12. Um die Affinität von Wildtyp und ATPase-Mutanten für ATP zu bestimmen, wurde die ATPase-Aktivität als Funktion der ATP-Konzentration gemessen und daraus die apparenten K_m-Werte der einzelnen *m*-AAA-Proteasevarianten ermittelt (Abbildung 3.9A). Es zeigte sich, dass Wildtyp und Mutanten in etwa vergleichbare Affinitäten für ATP aufweisen und daher vermutlich die Bindung von ATP an Yta12 nicht die Bindung von ATP an Yta10, sondern die Hydrolyse von ATP durch Yta10 blockiert.

Interessanterweise ist die Affinität aller untersuchten *m*-AAA-Proteasevarianten für ATP relativ gering. Sie liegt mit einem K_m von ca. 1 mM deutlich über den K_m-Werten der meisten anderen AAA$^+$-Proteasen (Wang and Ackerman, 1998; Santagata *et al.*, 1999).

Um zu untersuchen, ob Kooperativität zwischen den Untereinheiten der *m*-AAA-Protease vorliegt, wurden die Hill-Koeffizienten von unterschiedlichen *m*-AAA-Proteasevarianten bestimmt (Abbildung 3.9B). Es wurde erwartet, dass sich der durch ATP-Bindung an Yta12 verursachte Block der ATP-Hydrolyse von Yta10 im Wildtyp in Form negativer Kooperativität auswirkt. Jedoch war weder im Wildtyp noch in den Mutanten positive oder negative Kooperativität festzustellen.

In Einklang mit den unterschiedlichen Wachstumsphänotypen, die Mutationen in den Walker-B-Motiven von Yta10 oder Yta12 hervorrufen (siehe Abbildung 3.6), unterscheiden sich auch die

ATPase-Aktivitäten von *m*-AAA-Proteasekomplexen mit Walker-B Mutationen in den jeweiligen Untereinheiten deutlich: An Yta10 gebundenes ATP lässt die ATP-Hydrolyse durch Yta12 zu, wohingegen ATP-Bindung an Yta12 die ATP-Hydrolyse durch Yta10 blockiert.

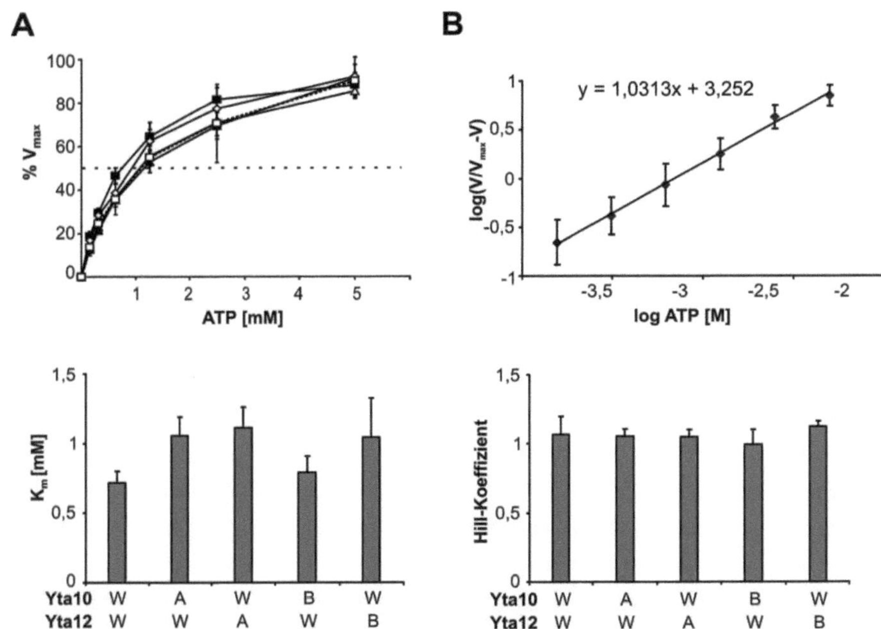

Abbildung 3.9: Wildtyp und mutierte *m*-AAA-Proteasekomplexe haben vergleichbare Affinitäten für ATP (A) und zeigen keine Kooperativität bei der Hydrolyse von ATP (B). (A) *Oben*: Die *in-vitro*-ATPase-Aktivität verschiedener *m*-AAA-Proteasevarianten wurde als eine Funktion der ATP-Konzentration bestimmt. *m*-AAA-Proteasekomplexe wurden, wie unter 3.1.1.1 beschrieben, exprimiert und isoliert. Werte sind als % V_{max} dargestellt. Die gestrichelte Linie verläuft bei $V_{max}/2$. *Geschlossene Quadrate*: W/W, Yta10/Yta12; *offene Dreiecke*: A/W, Yta10$^{K334A\text{-}6His}$/Yta12; *geschlossene Dreiecke*: W/A, Yta10/Yta12^{K394A}; *offene Rauten*: B/W, Yta10^{E388Q}/Yta12; *offene Vierecke (*verbunden durch *gestrichelte Linie*): W/B, Yta10/Yta12^{E448Q}. *Unten*: K_m-Werte unterschiedlicher *m*-AAA-Proteasevarianten. Die Werte wurden durch doppelt-reziproke Darstellung der in (A) dargestellten Daten generiert. **(B)** *Oben*: ATP-konzentrationsabhängige ATPase-Aktivität der Wildtyp *m*-AAA-Protease aufgetragen gemäß der Hill-Gleichung (Rohdaten stammen aus [A]). Die Gleichung der Trendlinie ist angegeben (R=99,8). *Unten*: Hill-Koeffizienten für unterschiedliche *m*-AAA-Proteasevarianten (die Werte stammen aus Hill-Diagrammen, die mit den Rohdaten aus [A] erstellt wurden). *W/W*, Yta10^{-6His}/Yta12; *A/W*, Yta10$^{K334A\text{-}6His}$/Yta12; *W/A*, Yta10^{-6His}/Yta12^{K394A}; *B/W*, Yta10$^{E388Q\text{-}6His}$/Yta12; *W/B*, Yta10^{-6His}/Yta12^{E448Q}.

3.1.2.3 Mutation des Arginin-Fingers von Yta10 blockiert die ATP-Hydrolyse durch Yta10

Arginin-Finger des SRH-Motivs sind in AAA^{+}-Proteinen offenbar an der Koordination der ATP-Hydrolyse beteiligt (Ogura *et al.*, 2004). Indem sie mit dem γ-Phosphat des in der Nachbaruntereinheit gebundenen ATP interagieren, nehmen sie an der ATP-Hydrolyse in *trans* teil (Hishida *et al.*, 2004). Für die Helikase MCM konnte gezeigt werden, dass Arginin-Finger zusätzlich zu ihrer Rolle in *trans* auch die ATP-Bindungstasche in *cis* beeinflussen, was konsistent mit ihrer Funktion bei der Kommunikation zwischen den Untereinheiten ist (Moreau *et al.*, 2007).

Mutationen des Arginin-Restes R447 in Yta10 oder R506 in Yta12 haben einen unterschiedlichen Einfluss auf das respiratorische Wachstum von *S. cerevisiae* auf nicht-fermentierbaren Kohlenstoffquellen (siehe Abbildung 3.6). Während die Mutation des Arginin-Fingers von Yta10 das Zellwachstum auf Glycerol inhibiert, können Zellen, bei denen der Arginin-Finger von Yta12 mutiert ist, noch begrenzt auf nicht-fermentierbaren Kohlenstoffquellen wachsen. Daher scheint sich die Funktion der Arginin-Finger in Yta10 und Yta12 zu unterscheiden. Zur eingehenderen Charakterisierung der Unterschiede zwischen Yta10 und Yta12 und zur Klärung der Rolle der Arginin-Finger im ATPase-Zyklus der *m*-AAA-Protease wurde der Einfluss von Mutationen der Arginin-Finger auf die ATP-Hydrolyse untersucht (Abbildung 3.10A). Interessanterweise reduzierte die Mutation des Arginin-Fingers von Yta10 die ATPase-Aktivität des *m*-AAA-Proteasekomplexes um mehr als 95%, wohingegen die Mutation des Arginin-Fingers von Yta12 zu einer Restaktivität von 30% führte. Also inhibiert die Mutation des Arginin-Fingers von Yta10 nicht nur die ATPase-Aktivität der ATP-Bindungstasche von Yta12, sondern blockiert auch die ATP-Hydrolyse durch Yta10. Dieser Befund erinnert an den Effekt, den die Mutation des Walker-B-Motivs von Yta12 auf die ATPase-Aktivität von Yta10 ausübt (siehe 3.1.2.2). Allerdings führen Mutationen in den Arginin-Fingern im Gegensatz zu Mutationen in den Walker-B-Motiven nicht zu stabiler ATP-Bindung, sondern inhibieren die Interaktion mit ATP (siehe 3.1.2.1). Somit hat die Mutation des Arginin-Fingers von Yta10 denselben Effekt auf die Aktivität des Komplexes wie gebundenes ATP in der ATP-Bindungstasche von Yta12 (Abbildung 3.10B; siehe auch Abbildung 3.8). Daher ist der Arginin-Finger von Yta10 offensichtlich direkt an dem durch ATP-Bindung an Yta12 verursachten Block der ATP-Hydrolyse in Yta10 beteiligt. Vermutlich kann in der Bindungstasche von Yta10 erst dann ATP hydrolysiert werden, wenn der Arginin-Finger von Yta10 erkennt, dass die ATP-Bindungstasche von Yta12 ATP-frei ist.

Zusammenfassend kann festgestellt werden, dass die Inaktivierung der ATP-Bindungstaschen von Yta12 durch Mutation des Arginin-Fingers von Yta10 oder des Walker-B-Motivs von Yta12 zu einer weitaus drastischeren Reduktion der ATPase-Aktivität führt, als die Inaktivierung der ATP-Bindungstaschen von Yta10; dies hat zwei Gründe: Zum einen blockiert die Mutation des Arginin-Fingers von Yta10 die ATP-Hydrolyse nicht nur in *trans*, wie die Mutation des Arginin-Fingers von Yta12, sondern auch in *cis* (siehe Abbildung 3.10). Zum anderen blockiert ATP-Bindung an Yta12 die ATP-Hydrolyse durch Yta10, wohingegen ATP-Bindung an Yta10 die ATP-Hydrolyse durch Yta12 nicht zu inhibieren scheint (siehe Abbildung 3.8).

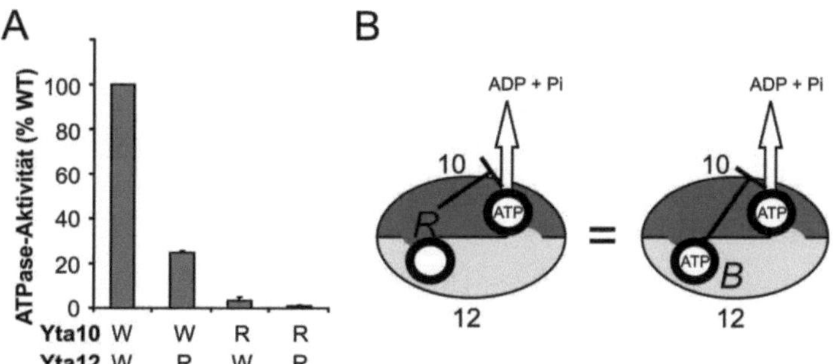

Abbildung 3.10: Einfluss von Mutationen der Arginin-Finger auf die ATPase-Aktivität. (**A**) *In-vitro*-ATPase-Aktivitäten von *m*-AAA-Proteasevarianten, die Mutationen in den Arginin-Fingern tragen. *m*-AAA-Proteasekomplexe wurden, wie unter 3.1.1.1 beschrieben, exprimiert und isoliert. *W/W*, Yta10^{-6His}/Yta12; *W/R*, Yta10^{-6His}/Yta12^{R506A}; *R/W*, Yta10$^{R447A-6His}$/Yta12; *R/R*, Yta10$^{R447A-6His}$/Yta12^{R506A}. (**B**) Vereinfachtes Modell der *m*-AAA-Protease. Die Mutation des Arginin-Fingers von Yta10 (*links*) hat den gleichen Effekt auf die ATPase-Aktivität von Yta10 wie die Mutation des Walker-B-Motivs von Yta12 (*rechts*) (siehe auch Abbildung 3.8A). Yta10- und Yta12-Untereinheiten sind dunkel- bzw. hellgrau unterlegt.

3.1.3 Yta10 und Yta12 sind offenbar alternierend angeordnet

Die in Abbildung 3.3 dargestellten Cryo-EM Daten belegen eindeutig, dass die *m*-AAA-Protease ein hexamerer Komplex ist. Die Anordnung von Yta10 und Yta12 innerhalb des Komplexes ist jedoch unklar. Theoretisch sind drei Anordnungen vorstellbar: Ein Trimer aus Dimeren, ein Dimer aus Trimeren oder eine zufällige Anordnung. Letztere kann jedoch weitgehend ausgeschlossen werden, da die beiden Untereinheiten im gereinigten *m*-AAA-Proteasekomplex auch nach Überexpression von Yta12 noch in äquimolaren Mengen vorlagen (siehe Abbildung 3.1); wäre die Anordnung zufällig, hätte sich nach Überexpression von Yta12 das Verhältnis der Untereinheiten ändern müssen. Somit verbleiben nur zwei mögliche Anordnungen (Abbildung 3.11A): das Trimer aus Dimeren und das Dimer aus Trimeren. Um zwischen diesen unterscheiden zu können, wurden ATPase-Aktivitäten verschiedener *m*-AAA-Proteasevarianten, die Mutationen in den ATPase-Domänen aufweisen, bestimmt. Für die untersuchten *m*-AAA-Proteasevarianten wurde anhand der Modelle in Abbildung 3.11A kalkuliert, wieviele und welche ATP-Bindungstaschen des *m*-AAA-Proteasekomplexes in der jeweiligen Anordnung aktiv sein sollten. In Abbildung 3.11C sind die Anzahl und der Typ der ATP-Bindungstaschen, von denen erwartet wurde, dass sie in der „Trimer aus Dimeren"- oder der „Dimer aus Trimeren"-Anordnung funktionell sein würden, angegeben. So sollte beispielsweise die gleichzeitige Mutation des Walker-B-Motivs und des vermutlich in *trans*

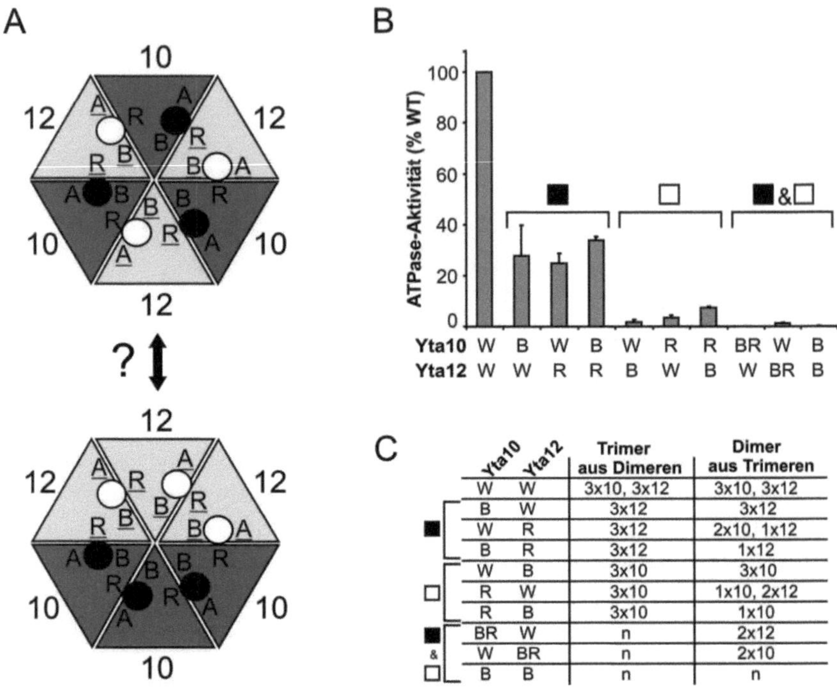

Abbildung 3.11: Korrelation der Daten aus den Mutationsanalysen mit möglichen Anordnungen der *m*-AAA-Protease. **(A)** Mögliche Anordnungen des *m*-AAA-Proteasekomplexes, bei denen die Untereinheiten in äquimolaren Mengen vorliegen. *Oben,* Trimer aus Dimeren; *unten*, Dimer aus Trimeren. Yta10- und Yta12-Untereinheiten sind dunkel- bzw. hellgrau unterlegt. Die ATP-Bindungstaschen von Yta10 und Yta12 sind als *schwarze* bzw. *weiße Kreise* abgebildet. *A*, Walker-A-Motiv; *B*, Walker-B-Motiv; *R*, SRH-Motiv mit Arginin-Finger. **(B)** Gruppierung der Daten aus den Mutationsanalysen (Abbildung 3.8, 3.10). Zusätzlich wurden noch *in-vitro*-ATPase-Aktivitäten weiterer *m*-AAA-Proteasevarianten bestimmt und in die Analyse mit einbezogen. Die ATPase-Aktivitäten sind relativ zum Wildtyp dargestellt. *W/W*, Yta10^{-6His} /Yta12; *B/W*, Yta10$^{E388Q\text{-}6His}$/Yta12; *W/R*, Yta10^{-6His}/Yta12^{R506A}; *B/R*, Yta10$^{E388Q\text{-}6His}$/Yta12^{R506A}; *W/B*, Yta10^{-6His}/Yta12^{E448Q}; *R/W*, Yta10$^{R447A\text{-}6His}$/Yta12; *R/B*, Yta10$^{R447A\text{-}6His}$/Yta12^{E448Q}; *BR/W*, Yta10$^{E388Q\ R447A\text{-}6His}$/Yta12; *W/BR*, Yta10^{-6His}/Yta12$^{E448Q\ R506}$; *B/B*, Yta10$^{E388Q\text{-}6His}$/Yta12^{E448Q}. Die Varianten wurden entsprechend ihrer ATPase-Aktivität in verschiedene Gruppen eingeteilt: *Schwarzes Quadrat*, mittlere Aktivität; *weißes Quadrat,* niedrige Aktivität; *schwarzes und weißes Quadrat*, keine Aktivität. (**C)** Erwartete Restaktivität bei der Mutationsanalyse (ausgedrückt in der Anzahl aktiver ATP-Bindungstaschen von Yta10 und Yta12); aufgeführt für mögliche Anordnungen der Untereinheiten des *m*-AAA-Proteasekomplexes (Trimer aus Dimeren oder Dimer aus Trimeren). *n*, keine Aktivität erwartet. Gruppierung wie in (B).

wirkenden Arginin-Fingers (Hishida *et al.*, 2004) von Yta10 je nach Anordnung der Untereinheiten zu unterschiedlichen Effekten führen: Im Fall einer „Trimer aus Dimeren"-Anordnungen sollten alle ATP-Bindungstaschen inaktiv sein; hingegen sollten bei einer „Dimer aus Trimeren"-Anordnung noch zwei Yta12-Bindungstaschen Aktivität aufweisen. *m*-AAA-Proteasevarianten mit diesen Mutationen zeigen allerdings keine ATPase-Aktivität (Abbildung 3.11B). Werden sowohl das Walker-B-Motiv von Yta10 als auch der Arginin-Finger von Yta12 mutiert, sollte bei einer „Dimer aus Trimeren"-Anordnung nur eine ATP-Bindungstasche von Yta12 aktiv sein. Messungen der *in-vitro*-ATPase-Aktivität belegen jedoch, dass diese Mutante noch deutliche Aktivität besitzt, obwohl sie in der „Dimer aus Trimeren" Anordnung weniger aktive ATP-Bindungstaschen von Yta12 aufweisen würde als die *m*-AAA-Proteasevariante, bei der sowohl das Walker-B-Motiv als auch der Arginin-Finger von Yta10 mutiert sind (siehe oben). Auch die gemessenen Aktivitäten der übrigen *m*-AAA-Proteasevarianten sind nicht mit der „Dimer aus Trimeren"-Anordnung in Übereinstimmung zu bringen (Abbildung 3.11B,C). Dagegen korrelieren sie mit der „Trimer aus Dimeren"-Anordnung: Werden die *m*-AAA-Proteasevarianten entsprechend ihrer ATPase-Aktivitäten gruppiert, ergeben sich drei Klassen (Abbildung 3.11B): Die erste beinhaltete *m*-AAA-Proteasevarianten mit mittlerer, die zweite mit geringer und die dritte ohne ATPase-Aktivität. Im Fall des „Trimer aus Dimeren"-Anordnung resultieren die Mutationen der ersten Klasse in der Inaktivierung der ATP-Bindungstasche von Yta10, die der zweiten Klasse in der Inaktivierung der Bindungstasche von Yta12 und die der dritten Klasse in der Inaktivierung beider Bindungstaschen. Somit sind die gemessenen ATPase-Aktivitäten mit den für das „Trimer aus Dimeren"erwarteten konsistent.

Zusätzlich zu den hier beschriebenen Daten der Mutationsanalysen sprechen auch die in Abbildung 3.6 dargestellten Wachstumsphänotypen von Hefestämmen mit Mutationen in den Walker oder SRH-Motiven für eine alternierende Anordnung. Daher ist es sehr wahrscheinlich, dass die *m*-AAA-Protease aus alternierend angeordneten Yta10- und Yta12- Untereinheiten aufgebaut ist.

3.1.4 Substratprozessierung durch die *m*-AAA-Protease

3.1.4.1 Rolle der *m*-AAA-Protease bei der Reifung von Ccp1

Die Cytochrom-*c*-Peroxidase (Ccp1) ist ein Häm-bindendes Enzym, das eine Funktion bei der Neutralisierung reaktiver Sauerstoffspezies im Intermembranraum von Mitochondrien ausübt. Ccp1 besitzt eine zweiteilige mitochondriale Lokalisierungssequenz, die durch aufeinander folgende Prozessierungsschritte zweier mitochondrialer Proteasen abgespalten wird: Der erste erfolgt durch die *m*-AAA-Protease, wohingegen der zweite durch eine Intramembranpeptidase, die Rhomboid-ähnliche Protease Pcp1, durchgeführt wird (Esser *et al.*, 2002). Für die proteolytische Spaltung durch Pcp1 ist die Anwesenheit der *m*-AAA-Protease essenziell. Interessanterweise führt eine Verminderung der Hydrophobizität von Ccp1 und die damit einhergehende Destabilisierung der

Transmembranhelix zu einer erleichterten Dislokation des Proteins aus der Lipiddoppelschicht, die in einer *m*-AAA-Protease unabhängigen Ccp1-Prozessierung durch Pcp1 resultiert (Tatsuta *et al.*, 2007). Dieser Befund implizierte, dass nicht die Prozessierung durch die *m*-AAA-Protease, sondern eher die durch die Protease vermittelte Dislokation von Ccp1 für dessen Reifung ausschlaggebend ist. Tatsächlich konnte gezeigt werden, dass in Zellen, die eine proteolytisch inaktive Form der *m*-AAA-Protease exprimieren, noch Pcp1-abhängige Prozessierung stattfindet, wohingegen die Expression von ATPase-defizienten *m*-AAA-Proteasevarianten die Reifung von Ccp1 nicht unterstützt (Tatsuta *et al.*, 2007). Daher schien eher die ATPase-Aktivität als die proteolytische Aktivität für die *in-vivo*-Prozessierung von Ccp1 notwendig zu sein. Um diese Hypothese zu bestätigen, wurden ATPase-Aktivitäten verschiedener *m*-AAA-Proteasevarianten mit Mutationen in den proteolytischen oder ATPase-Domänen bestimmt (Abbildung 3.12).

Mutationen im Metall-bindenden HEXXH-Motiv von Yta10 oder Yta12 reduzierten die ATPase-Aktivität des Komplexes nur geringfügig. Dagegen zeigten *m*-AAA-Proteasekomplexe, die diese Mutationen in beiden Untereinheiten tragen, nur 10% der Wildtyp-Aktivität. Wurden die ebenfalls für Zn^{2+}-Bindung wichtigen Reste D634 oder D689 in Yta10 oder Yta12 durch Alanin ausgetauscht (Bieniossek *et al.*, 2006), so ergab sich ein drastischerer Effekt auf die ATPase-Aktivität als im Fall der Mutationen im HEXXH-Motiv. Die gleichzeitige Mutation der Aspartat-Reste in beiden Untereinheiten inhibierte die ATPase-Aktivität des Komplexes fast vollständig. In Einklang mit vorausgegangenen Aktivitätsmessungen (siehe 3.1.2.2) war bei gleichzeitiger Mutation der Walker-A oder Walker-B-Motive in beiden Untereinheiten des Komplexes keine ATPase-Aktivität mehr nachweisbar. Somit lässt sich die in proteolytisch inaktiven *m*-AAA-Proteasevarianten beobachtete Ccp1-Prozessierung tatsächlich durch die vorhandene ATPase-Aktivität erklären.

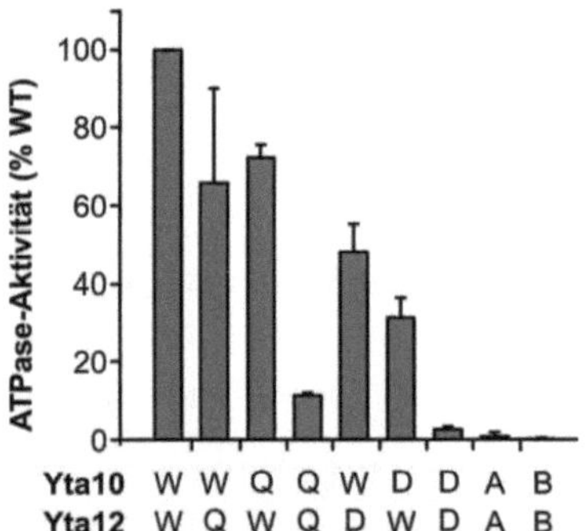

Abbildung 3.12: Effekte von Mutationen in den proteolytischen oder den ATPase-Domänen auf die ATPase-Aktivität der *m*-AAA-Protease. ATPase-Aktivität *in vitro*. *m*-AAA-Proteasekomplexe wurden, wie unter 3.1.1.1 beschrieben, exprimiert und isoliert. *W/W*, Yta10/Yta12; *W/Q*, $Yta10^{\text{-}6His}$/$Yta12^{E614Q}$; *Q/W*, $Yta10^{E559Q\text{-}6His}$/Yta12; *Q/Q*, $Yta10^{E559Q\text{-}6His}$/$Yta12^{E614Q}$; *W/D*, $Yta10^{\text{-}6His}$/$Yta12^{D689A}$; *D/W*, $Yta10^{D634A\text{-}6His}$/Yta12; *D/D*, $Yta10^{D634A\text{-}6His}$/$Yta12^{D689A}$; *A/A*, $Yta10^{K334A\text{-}6His}$/$Yta12^{K394A}$; *B/B*, $Yta10^{E388Q\text{-}6His}$/$Yta12^{E448Q}$.

Wurden die gemessenen *in-vitro*-ATPase-Aktivitäten von *m*-AAA-Proteasevarianten mit Mutationen in den proteolytischen Domänen in Beziehung zur *in-vivo*-Prozessierung von Ccp1 gesetzt (Abbildung 3.13), zeigte sich, dass die Prozessierungseffizienz direkt proportional zur ATPase-Aktivität ist: *m*-AAA-Proteasevarianten mit geringer oder mittlerer ATPase-Aktivität zeigten auch entsprechende Effizienzen bei der Prozessierung, wohingegen Varianten mit sehr geringer ATPase-Aktivität nicht ausreichend waren, um Ccp1 zu prozessieren. Um festzustellen, ob die Abhängigkeit der Ccp1-Prozessierung von der ATPase-Aktivität der *m*-AAA-Protease nur den generellen ATP-Bedarf für Proteolyse reflektiert oder für die Ccp1-Prozessierung zusätzliche ATP-verbrauchende Prozesse notwendig sind, wurde auch die ATP-Abhängigkeit der Prozessierung von MrpL32, einem anderen Substrat der *m*-AAA-Protease, untersucht. MrpL32 ist eine Untereinheit mitochondrialer Ribosomen, für deren amino-terminale Prozessierung die *m*-AAA-Protease essenziell ist (Nolden *et al.*, 2005). Im Gegensatz zur Ccp1-Prozessierung ist die *in-vivo*-Prozessierung von MrpL32 nicht direkt proportional zur *in-vitro*-ATPase-Aktivität von *m*-AAA-Proteasevarianten mit Mutationen in den proteolytischen Domänen. Vielmehr liegt hier eine sigmoidale Korrelation vor: Niedrige ATPase-Aktivitäten, die für effiziente Prozessierung von Ccp1 nicht ausreichend sind, genügen bereits, um effiziente MrpL32-Prozessierung zu gewährleisten.

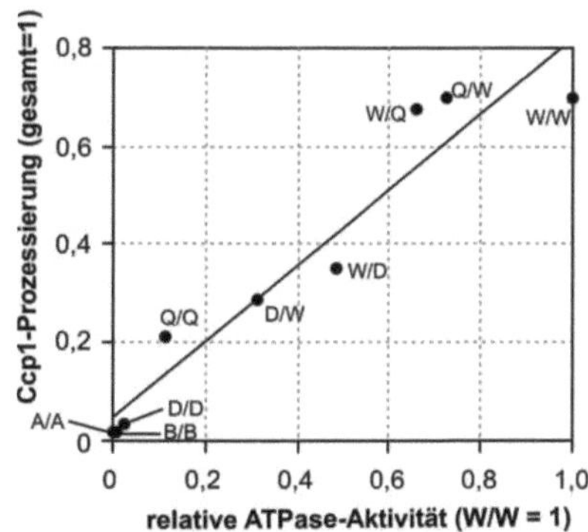

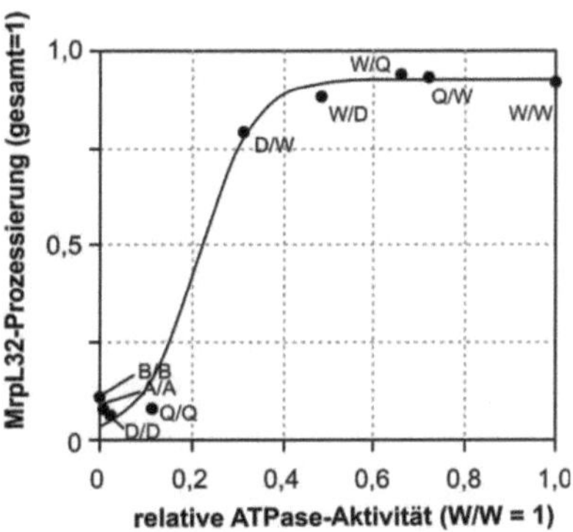

Abbildung 3.13: Die Prozessierung von Ccp1 korreliert mit der ATPase-Aktivität der *m*-AAA-Protease. (**A**) Korrelation der Ccp1-Prozessierungseffizienz *in vivo* (reifes Ccp1) (Tatsuta *et al.*, 2007) mit der *in-vitro*-ATPase-Aktivität der *m*-AAA-Protease (siehe Abbildung 3.12); dargestellt für verschiedene proteolytisch inaktive oder ATPase-defiziente *m*-AAA-Proteasevarianten. Eine Regressionsgerade (*schwarze Linie*; *R*=0,962) ist abgebildet. (**B**) Korrelation der *in-vivo*-Prozessierungseffizienz von MrpL32 (reifes MrpL32) (Tatsuta *et al.*, 2007) mit der *in-vitro*-ATPase-Aktivität der *m*-AAA-Protease, dargestellt für verschiedene *m*-AAA-Proteasevarianten. Eine sigmoidale Anpassung ist angegeben (*SSE*: 0,0181). *W/W*, Yta10/Yta12; *Q/Q*, Yta10$^{E559Q\text{-}6His}$/Yta12^{E614Q}; *D/D*, Yta10$^{D634A\text{-}6His}$/Yta12^{D689A}; *A/A*, Yta10$^{K334A\text{-}6His}$/Yta12^{K394A}; *B/B*, Yta10$^{E388Q\text{-}6His}$/Yta12^{E448Q}; *Q/W*, Yta10$^{E559Q\text{-}6His}$/Yta12; *W/Q*, Yta10$^{\text{-}6His}$/Yta12^{E614Q}; *D/W*, Yta10$^{D634A\text{-}6His}$/Yta12; *W/D*, Yta10$^{\text{-}6His}$/Yta12^{D689A}.

Dieser Befund legt nahe, dass für die Membrandislokation von Ccp1 tatsächlich ein höherer ATP-Umsatz notwendig ist. Die proteolytische Aktivität der *m*-AAA-Protease scheint für die Reifung von Ccp1 tatsächlich verzichtbar zu sein; hingegen ist die ATPase-Aktivität der Protease essenziell.

3.1.4.2 Bedeutung der Pore-1-Schleifen für die Prozessierung von Ccp1

Die Peptidase-Aktivität von AAA^{+}-Proteasen ist im Inneren der proteolytischen Kammer lokalisiert. Der Zugang von Substraten erfolgt vermutlich über eine zentrale Pore, deren Öffnungszustand durch die ATPase-Domänen reguliert wird (Wang *et al.*, 2001). Innerhalb der Pore befinden sich Schleifen, die bei der Substrattranslokation eine wichtige Rolle spielen und deren Ausrichtung durch ATP-Bindung und -Hydrolyse gesteuert wird. Die Schleifen beinhalten ein hochkonserviertes Motiv, FVG in Yta10 und Yta12, dessen Aminosäuren eine direkte Rolle bei der Substrattranslokation zukommt (Hinnerwisch *et al.*, 2005). Um zu überprüfen, ob Ccp1 während der *m*-AAA-Protease-vermittelten Membrandislokation durch die Pore transloziert wird, wurden Mutationen in diese Schleifen oder deren Umgebung eingeführt und ihr Einfluss auf die Ccp1-Prozessierung *in vivo* untersucht (Abbildung 3.14A). Mutationen der konservierten Phenylalanin-Reste im FVG-Motiv zu Serin, Alanin oder Glutamat inhibierten die Ccp1-Prozessierung fast vollständig (Abbildung 3.14B, Spur 3-5). Mutationen der Glycin-Reste zu Alanin hatten einen vergleichbaren Effekt zur Folge (Abbildung 3.14B, Spur 6); hingegen resultierten Mutationen der Methionin-Reste, die sich unmittelbar vor dem FVG-Motiv befinden, lediglich in einer deutlichen Reduktion der Ccp1-Prozessierung (Abbildung 3.14B, Spur 7). Um sicherzustellen, dass die beobachtete Reduktion der Ccp1-Prozessierung tatsächlich ein Ergebnis der blockierten Translokation und kein indirekter Effekt der eingeführten Mutationen auf die ATPase-Aktivität der Protease war, wurden die *in-vitro*-ATPase-Aktivitäten der einzelnen *m*-AAA-Proteasevarianten bestimmt (Abbildung 3.14C). Die gleichzeitige Mutation der Phenylalanin-Reste F361 und F421 von Yta10 bzw. Yta12 führten zu einer erheblichen Reduktion der ATPase-Aktivität des Komplexes. Die gemessene ATPase-Aktivität entsprach dabei in etwa der Restaktivität, die bei Einführung von Mutationen in das Metall-bindende Motiv nachgewiesen werden konnte. Jedoch konnte in Hefezellen, die *m*-AAA-Proteasen mit diesen Mutationen exprimierten, fast keine Prozessierung von Ccp1 beobachtet werden. Noch offensichtlicher wird die Rolle der Schleifenregion bei der Analyse von *m*-AAA-Proteasevarianten mit Mutationen in den Methioninen, die direkt vor der Schleife gelegen sind. Diese Varianten weisen ca. 60% der ATPase-Aktivität von Wildtyp-Komplexen auf; Δ*yta10*Δ*yta12*-Zellen, die diese Komplexe exprimieren, zeigen jedoch nur 10% der im Wildtyp zu beobachtenden Ccp1-Prozessierung. Somit haben Mutationen in den Schleifen der Pore einen gravierenden Effekt auf die Prozessierung von Ccp1, der nicht allein durch eine reduzierte ATPase-Aktivität erklärt werden kann. Daher scheint Ccp1 bei seiner Reifung tatsächlich durch die zentrale Pore der *m*-AAA-Protease transloziert zu werden.

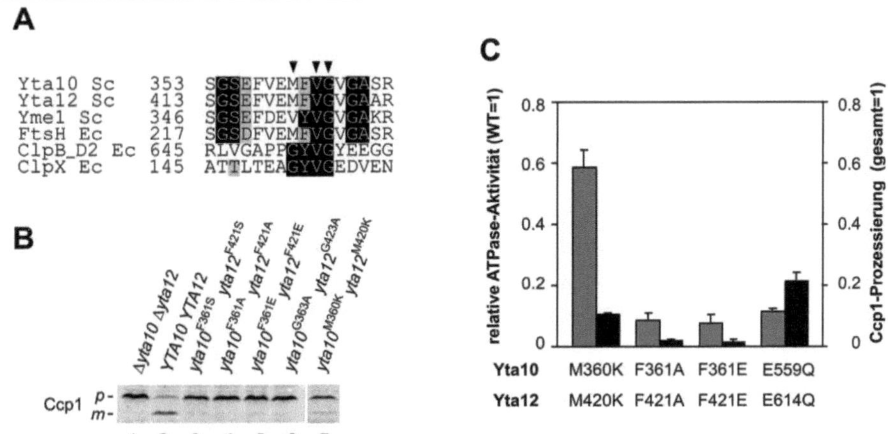

Abbildung 3.14: Bedeutung konservierter Aminosäuren der zentralen Pore für die Prozessierung von Ccp1. (**A**) Alignment von Schleifen-Motiven der zentralen Pore für AAA$^+$-Proteine. Konservierte Bereiche sind *schwarz* unterlegt. Aminosäuren, die in Yta10 und Yta12 mutiert wurden, sind durch *Pfeilspitzen* gekennzeichnet. (**B**) Einfluss von Mutationen der Schleifenmotive auf die Prozessierung von Ccp1 (Tatsuta *et al.*, 2007). Δ*yta10*Δ*yta12*-Zellen, die Yta10 und Yta12 (*Spur* 2) oder *m*-AAA-Proteasevarianten mit Mutationen innerhalb der Schleifen der zentralen Pore exprimieren (*Spur 3-7*), wurden durch SDS-PAGE und Western-Blot mit nachfolgender Immundekoration mit gegen Ccp1 gerichteten Antikörpern analysiert. Folgende Mutanten wurden untersucht: Methionin (*Yta10*$^{M360K\text{-}6His}$ /*Yta12*^{M420K}; *Spur 7)*, Phenylalanin, (*Yta10*$^{F361S\text{-}6His}$/*Yta12*^{F421S}; *Yta10*$^{F361A\text{-}6His}$/*Yta12*^{F421A}; *Yta10*$^{F361E\text{-}6His}$/*Yta12*^{F421E}; *Spur 3-5*) und Glycin (*Yta10*$^{G363A\text{-}6His}$/*Yta12*^{G423A}; *Spur 6*). *p*, Vorläuferform; *m*, gereifte Form. (**C**) Korrelation der *in-vivo*-Prozessierungseffizienz von Ccp1 (Tatsuta *et al.*, 2007) mit der *in-vitro*-ATPase-Aktivität von *m*-AAA-Proteasevarianten. *m*-AAA-Proteasekomplexe wurden, wie unter 3.1.1.1 beschrieben, exprimiert und isoliert. Die ATPase-Aktivität der Komplexe (*graue* Balken) ist relativ zum Wildtyp und im Vergleich zur Prozessierungseffizienz von Ccp1 (*schwarze* Balken) dargestellt. Zusätzlich sind entsprechende Werte für eine *m*-AAA-Proteasevariante aufgetragen, die Punktmutationen innerhalb des proteolytischen Zentrums aufweist. (*Yta10*$^{E559Q\text{-}6His}$/*Yta12*^{E614Q}) (siehe auch 3.1.4.1). *Sc*, *S. cerevisiae*; *Ec*, *E. coli*.

3.1.4.3 ATP-Bindung an Yta10 blockiert die Substratprozessierung

Zellen, denen die *m*-AAA-Protease fehlt, oder die eine ATPase-defiziente oder proteolytisch inaktive Variante des Enzyms exprimieren, können auf nicht-fermentierbaren Kohlenstoffquellen, wie Glycerol, nicht wachsen (Arlt *et al.*, 1996). Der Wachstumsdefekt ist dadurch zu erklären, dass MrpL32, eine Untereinheit mitochondrialer Ribosomen, in Abwesenheit einer funktionellen *m*-AAA-Protease nicht prozessiert werden kann (Nolden *et al.*, 2005). Die Reifung von MrpL32 ist jedoch für die Assemblierung funktioneller Ribosomen essenziell. Wird MrpL32 nicht prozessiert, kann keine mitochondriale Translation und dadurch auch kein respiratorisches Wachstum stattfinden, da mehrere Untereinheiten der Atmungskette mitochondrial kodiert sind.

Interessanterweise zeigen Zellen, die eine Mutation im Walker-B-Motiv von Yta10 tragen, einen drastischen Wachstumsdefekt auf nicht-fermentierbaren Kohlenstoffquellen, wohingegen Mutationen in den Walker-A-Motiven von Yta10 oder Yta12 respiratorisches Wachstum nur leicht reduzierten (siehe Abbildung 3.6). Dieser Befund ist umso erstaunlicher, wenn man bedenkt, dass *m*-AAA-Proteasevarianten mit Mutationen im Walker-B-Motiv von Yta10 die gleiche ATPase-Aktivität aufweisen wie *m*-AAA-Proteasevarianten mit Mutationen im Walker-A-Motiv von Yta10 oder Yta12 (siehe Abbildung 3.8). Auch die Mutation des vermutlich in *trans* wirkenden Arginin-Fingers von Yta12 führt zu einem weitaus milderen Wachstumsphänotyp auf YPG, als die Mutation im Walker-B-Motiv von Yta10, obwohl diese Arginin-Finger Mutante ebenfalls die gleiche ATPase-Aktivität zeigt wie die *m*-AAA-Proteasevariante mit der Mutation im Walker-B-Motiv von Yta10 (siehe Abbildung 3.10). Da Mutationen in den Walker-B-Motiven im Gegensatz zu Mutationen in den Walker-A-Motiven oder Mutationen der Arginin-Finger zu stabiler ATP-Bindung führen (siehe Abbildung 3.7), ist es wahrscheinlich, dass der drastische Wachstumsdefekt von Zellen mit Mutationen im Walker-B-Motiv von Yta10 auf die verstärkte ATP-Bindung zurückzuführen ist. Weil für das Wachstum von Hefezellen auf nicht-fermentierbaren Kohlenstoffquellen, wie oben beschrieben, die Prozessierung von MrpL32 essenziell ist, erschien es möglich, dass die Mutation des Walker-B-Motivs von Yta10 und die damit verbundene stabile Bindung von ATP die Prozessierung von MrpL32 inhibiert. Um diese Vermutung zu bestätigen, wurden die *in-vitro*-ATPase-Aktivitäten unterschiedlicher *m*-AAA-Proteasevarianten mit der *in-vivo*-Prozessierung von MrpL32 verglichen (Abbildung 3.15A). Darüber hinaus wurden die ATPase-Aktivitäten auch in Bezug zur Prozessierung von Ccp1 gesetzt (Abbildung 3.15B). Wurden *m*-AAA-Proteasevarianten mit Mutationen in den Walker-A-Motiven von Yta10 oder Yta12 in Δ*yta10*Δ*yta12*-Zellen exprimiert, konnten beide Substratproteine prozessiert werden. Die Prozessierung von Ccp1 war in Zellen, die *m*-AAA-Proteasevarianten mit Mutationen in den Walker-A-Motiven von Yta10 oder Yta12 exprimierten, vergleichbar und direkt proportional zur ATPase-Aktivität, was konsistent mit den Daten aus Abbildung 3.13 ist. Dagegen unterschied sich die Prozessierung von MrpL32 in diesen Zellen. Bei Mutation des Walker-A-Motivs von Yta12 war die Prozessierung von MrpL32 direkt proportional zur ATPase-Aktivität; hingegen war in Δ*yta10*Δ*yta12*-Zellen, die eine *m*-AAA-Proteasevariante mit Mutation im Walker-A-Motiv von Yta10 exprimierten, die MrpL32-Prozessierung deutlich erhöht, obwohl die ATPase-Aktivität von Komplexen mit Mutationen in den Walker-A-Motiven von Yta10 oder Yta12 vergleichbar war (siehe Abbildung 3.8). Wurde eine *m*-AAA-Proteasevariante exprimiert, die eine Mutation des Arginin-Fingers von Yta12 aufwies, war die MrpL32-Prozessierung direkt proportional zur ATPase-Aktivität. Dagegen war die Ccp1-Prozessierung in diesen Zellen überraschenderweise deutlich reduziert, was auf eine unterschiedliche Rolle des Arginin-Fingers bei der Prozessierung von Ccp1 gegenüber der MrpL32-Prozessierung hindeutet. Im Gegensatz zu Mutationen in den Walker-A-Motiven inhibierte die Mutation des Walker-B-Motivs von Yta10 in unterschiedlichen *m*-AAA-Proteasevarianten die Prozessierung beider Substratproteine in Δ*yta10*Δ*yta12*-Zellen vollständig, obwohl gereinigte *m*-AAA-Proteasekomplexe mit Mutationen in den Walker-B-Motiven ATPase-Aktivitäten aufweisen, die mit denen von Komplexen mit Mutationen in den Walker-A-Motiven vergleichbar sind. Somit korrelieren die MrpL32- und Ccp1-Prozessierung durch *m*-AAA-Proteasevarianten, die Mutationen der Walker-B-Motive von Yta10 oder Yta12 aufweisen, nicht mit der ATPase-Aktivität gereinigter *m*-AAA-Proteasekomplexe. Dieser Befund ist angesichts der beschriebenen Korrelation der MrpL32- und Ccp1-Prozessierung mit der ATPase-Aktivität proteolytischer Mutanten überraschend (siehe Abbildung 3.13).

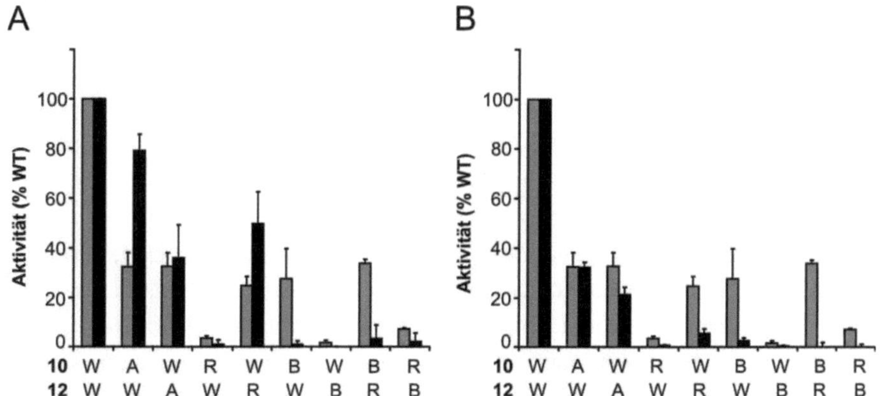

Abbildung 3.15: Korrelation der ATPase-Aktivität von *m*-AAA-Proteasevarianten mit der Prozessierung von MrpL32 (A) und Ccp1 (B). Die *in-vitro*-ATPase-Aktivität (*graue Balken*) unterschiedlicher *m*-AAA-Proteasevarianten (siehe Abbildung 3.8, 3.10, 3.11) wurde mit der *in-vivo*-Prozessierung von MrpL32 und Ccp1 (*schwarze Balken*) (Tatsuta, unveröffentlicht) verglichen. *m*-AAA-Proteasekomplexe wurden, wie unter 3.1.1.1 beschrieben, exprimiert und isoliert. *W/W*, Yta10^{-6His}/Yta12; *A/W*, Yta10$^{K334A\text{-}6His}$/Yta12; *W/A*, Yta10^{-6His}/Yta12^{K394A}; *R/W*, Yta10$^{R447A\text{-}6His}$/Yta12; *W/R*, Yta10^{-6His}/Yta12^{R506A}; *B/W*, Yta10$^{E388Q\text{-}6His}$/Yta12; *W/B*, Yta10^{-6His}/Yta12^{E448Q}; *B/R*, Yta10$^{E388Q\text{-}6His}$/Yta12^{R506A}; *R/B*, Yta10$^{R447A\text{-}6His}$/Yta12^{E448Q}.

Um auszuschließen, dass stabile ATP-Bindung von Yta10 indirekt durch verstärkte Substratbindung die Substratprozessierung inhibiert, wurden *m*-AAA-Proteasekomplexe, die Mutationen in den Walker-A, Walker-B oder SRH-Motiven von Yta10 und Yta12 aufwiesen, gereinigt und gebundenes MrpL32 detektiert. Dabei zeigte sich, dass alle untersuchten Mutationen zu verstärkter MrpL32-Bindung führten (nicht abgebildet). Daher scheint stabile ATP-Bindung von Yta10 direkt, vermutlich indem es die zentrale Pore der *m*-AAA-Protease blockiert, die Substratprozessierung zu inhibieren.

3.2 Analyse des mitochondrialen Peptidexports

Die *m*-AAA-Protease ist eine zentrale Komponente des mitochondrialen Qualitätskontrollsystems. Zusammen mit der *i*-AAA-Protease baut sie nicht-assemblierte und fehlgefaltete Proteine der mitochondrialen Innenmembran ab (Nakai *et al.*, 1995; Pearce and Sherman, 1995; Arlt *et al.*, 1996; Guélin *et al.*, 1996). Peptide, die durch die proteolytische Aktivität der *m*-AAA-Protease in der mitochondrialen Matrix entstehen, können durch den ABC-Transporter Mdl1 über die mitochondriale Innenmembran transportiert werden (Young *et al.*, 2001). Dagegen werden Peptide von Proteinen, die durch die *i*-AAA-Protease abgebaut werden, direkt im mitochondrialen Intermembranraum generiert. Vom mitochondrialen Intermembranraum aus können Peptide vermutlich durch Porine oder den TOM-Komplex die mitochondriale Außenmembran passieren.

Im Jahre 2003 gelang es im Rahmen einer am Institut für Genetik durchgeführten Diplomarbeit, ein Verfahren zu etablieren, das es ermöglichte, aus Mitochondrien exportierte Peptide präparativ zu isolieren und durch Massenspektrometrie zu identifizieren (Augustin, 2003). Im Großteil der damaligen Analysen wurden zunächst mitochondriale Proteine *in organello* synthetisiert und anschließend dem Abbau ausgesetzt, um Peptide mitochondrial kodierter Proteine anzureichern. Es zeigte sich jedoch, dass exportierte Peptide mitochondrialer Proteine nur einen Bruchteil des insgesamt exportierten Peptidpools ausmachen, wohingegen die meisten exportierten Peptide von kernkodierten Proteinen stammen. Darüber hinaus war die Anzahl von Peptiden kernkodierter Proteine in Analysen mit vorausgegangener *in-organello*-Translation deutlich reduziert, was vermutlich daran lag, dass bereits während der *in-organello*-Translation viele kernkodierte Proteine abgebaut und die resultierenden Peptide exportiert worden waren. Überraschenderweise konnten auch Peptide mitochondrial kodierter Proteine durch vorausgegangene *in-organello*-Translation nicht angereichert werden. Aus diesen Gründen wurden die im Rahmen dieser Arbeit durchgeführten Experimente zur Charakterisierung des mitochondrialen Peptidexports ohne vorausgegangene *in-organello*-Translation durchgeführt.

Ziel dieser Analysen war es, herauszufinden, ob selektiv Peptide bestimmter Proteine aus Mitochondrien exportiert werden, was Rückschlüsse auf die Stabilität des mitochondrialen Proteoms zulassen und auf eine mögliche Signalfunktion des Peptidexports hinweisen könnte. Darüber hinaus sollten Erkenntnisse über die Substratspezifität mitochondrialer Proteasen und Oligopeptidasen gewonnen und ihr Einfluss auf den Peptidexport geklärt werden.

3.2.1 Charakterisierung freigesetzter Peptide

Aus Mitochondrien exportierte Peptide wurden isoliert und durch Massenspektrometrie sequenziert (Abbildung 3.16). Jedes Experiment wurde viermal durchgeführt und nur Peptide, die in mindestens zwei Analysen identifiziert werden konnten, wurden bei der Auswertung berücksichtigt.

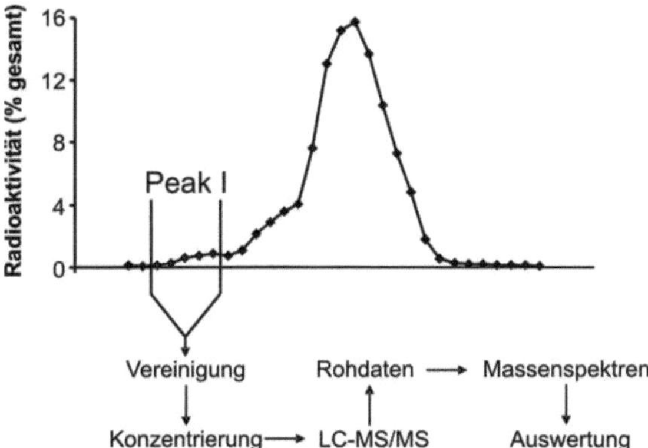

Abbildung 3.16: Der Überstand von Mitochondrien (13,5 mg) wurde nach 30-minütiger Inkubation bei 37°C abgenommen. Enthaltene Peptide wurden durch Größenausschlusschromatographie mit einer Superdex-Säule aufgetrennt, die zuvor durch radioaktive Peptide geeicht worden war. Peptide einer Größe von sechs bis 19 Aminosäuren (Peak I) wurden vereinigt, konzentriert, mit Hilfe eines nano-HPLC-Systems gereinigt und dann unmittelbar durch ESI-MS/MS analysiert. Die aus den erhaltenen Rohdaten generierten Massenspektren wurden mit dem Computerprogramm Mascot ausgewertet.

Insgesamt konnten 270 unterschiedliche Peptide nachgewiesen werden. Die identifizierten Peptide stammten von 51 Proteinen (Tabelle 3.1, Anhang). Die große Zahl an unterschiedlichen Peptiden deutet darauf hin, dass ein heterogenes Gemisch von Peptiden aus Mitochondrien exportiert wird. Die identifizierten Peptide weisen keine konservierten Sequenzmotive oder andere Gemeinsamkeiten auf. Lediglich eine geringfügige Präferenz für geladene, insbesondere negativ geladene Aminosäuren ist festzustellen. Dies könnte jedoch auch technische Gründe haben. Die meisten Peptide haben eine Länge von acht bis 15 Aminosäuren, was konsistent mit der Reinigungsprozedur ist (Abbildung 3.17).

Tabelle 3.1: Herkunft und Häufigkeit identifizierter Peptide. *Anzahl Peptide*; durchschnittliche Anzahl der Peptide eines gegebenen Proteins, die in einem Experiment identifiziert werden konnten; *Anzahl Läufe*, Anzahl der Experimente, in denen Peptide des jeweiligen Proteins identifiziert werden konnten; *Sequenz*, Prozentsatz der Proteinsequenz, der durch identifizierte Peptide abgedeckt wird; *nuk*, nukleär kodiert; *mit*, mitochondrial kodiert; *m*, mitochondrial; *n*, nicht mitochondrial (*n**, in gereinigten Mitochondrien durch massenspektrometrische Analyse nachgewiesen); *IM*, mitochondriale Innenmembran (*p*, peripheres Membranprotein, Orientierung unklar); *ubk*, unbekannt; *AM*, mitochondriale Außenmembran; *IMR*, Intermembranraum; *M*, Matrix; *As*, Aminosäure; *Enz.*, Enzym.

Protein	Anzahl Peptide	Sequenz	Anzahl Läufe	Genom	Lokalisierung zellulär	Lokalisierung mit.	Klassifizierung
Nde1	34	54,3	4 von 4	nuk	m	IM	Atmungskette
Cox2	28	55,4	4 von 4	mit	m	IM	Atmungskette
Ylr356w	14	38,1	4 von 4	nuk	m	ubk	unbekannt
Gut2	6	13,4	4 von 4	nuk	m	IM	Kohlenhydratstoffwechsel
Cox3	5	19	4 von 4	mit	m	IM	Atmungskette
Stf1	4	39,5	4 von 4	nuk	m	M	Atmungskette
Aco1	4	6,7	4 von 4	nuk	m	M	Kohlenhydratstoffwechsel
Atp18	3	40,7	2 von 4	nuk	m	IM	Atmungskette
Atp17	3	39,6	2 von 4	nuk	m	IM	Atmungskette
Atp19	3	25,8	3 von 4	nuk	m	IM	Atmungskette
Sdh4	3	22,7	2 von 4	nuk	m	IM	Atmungskette
Om45	3	22,1	4 von 4	nuk	m	AM	unbekannt
Idh1	3	13,6	4 von 4	nuk	m	M	Kohlenhydratstoffwechsel
Atp7	3	7,5	4 von 4	nuk	m	M	Atmungskette
Kgd2	3	5,4	2 von 4	nuk	m	M	Kohlenhydratstoffwechsel
Ymr31	2	25,2	3 von 4	nuk	m	M	Proteintranslation/-stabilität
Grx5	2	16,7	4 von 4	nuk	m	M	entgiftende/schützende Enz.
Atp4	2	12,3	4 von 4	nuk	m	IM	Atmungskette
Mpm1	2	9,5	2 von 4	nuk	m	ubk	unbekannt
Rsm28	2	7,5	3 von 4	nuk	m	M	Proteintranslation/-stabilität
Cox1	2	6,7	4 von 4	mit	m	IM	Atmungskette
Cob	2	4,7	2 von 4	mit	m	IM	Atmungskette
Ilv2	2	3,9	2 von 4	nuk	m	M	As-/Stickstoffstoffwechsel
Tim11	1	16,7	3 von 4	nuk	m	IM	Atmungskette
Atp14	1	16,1	2 von 4	nuk	m	M	Atmungskette
Img2	1	14,4	4 von 4	nuk	m	M	Proteintranslation/-stabilität
Cox12	1	13,3	4 von 4	nuk	m	IM (p)	Atmungskette
Ybr230c	1	12,7	2 von 4	nuk	m	ubk	unbekannt
Qcr7	1	11	2 von 4	nuk	m	M	Atmungskette
Rim1	1	10,4	2 von 4	nuk	m	M	Nucleinsäurestoffwechsel
Tim12	1	10,1	3 von 4	nuk	m	IMR	Proteinsortierung
Sdh3	1	7,1	4 von 4	nuk	m	IM	Atmungskette
Rip1	1	6,5	3 von 4	nuk	m	IM	Atmungskette
Atp3	1	4,8	2 von 4	nuk	m	M	Atmungskette
Cor1	1	3,3	2 von 4	nuk	m	M	Atmungskette
Ndi1	1	3,1	2 von 4	nuk	m	IM	Atmungskette
Qcr2	1	3	3 von 4	nuk	m	M	Atmungskette
Nde1/Nde2	1	2.9/2.9	4 von 4	nuk	m	IM	Atmungskette
Mrp4	1	2,8	2 von 4	nuk	m	M	Proteintranslation/-stabilität
Yjl200c	1	1,8	2 von 4	nuk	m	M	Kohlenhydratstoffwechsel
Yjr039w	1	0,9	3 von 4	nuk	m	ubk	unbekannt
Glt1	1	0,6	3 von 4	nuk	m	M	As-/Stickstoffstoffwechsel
Snq2	2	1,4	4 von 4	nuk	n*		
Pma1/Pma2	2	1.3/1.3	3 von 4	nuk	n*		
Mrh1	1	3,8	4 von 4	nuk	n*		
Ycl049c	2	2,9	3 von 4	nuk	ubk		
Ylr326w	1	5	4 von 4	nuk	ubk		
Yro2	1	2,6	2 von 4	nuk	ubk		
Ykr078w	1	1,9	4 von 4	nuk	n		
Drs1	1	1,3	2 von 4	nuk	n		
Sas3	1	1,2	2 von 4	nuk	n		

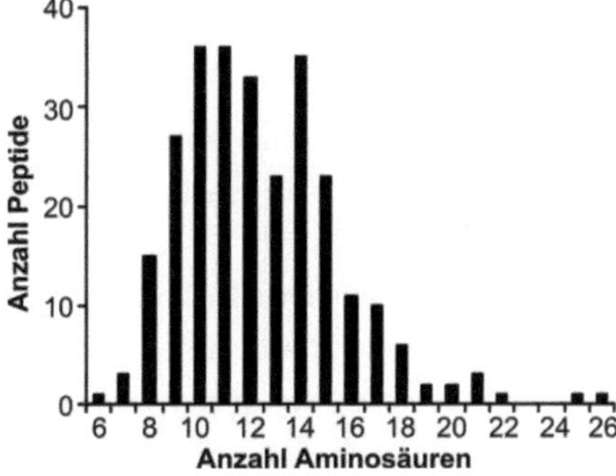

Abbildung 3.17: Längenverteilung identifizierter Peptide.

Die zelluläre Lokalisierung der Proteine, von denen Peptide nachgewiesen werden konnten, ist in Abbildung 3.18A dargestellt: 82% dieser Proteine sind eindeutig mitochondrial. Weitere 6% konnten in massenspektrometrischen Analysen mit gereinigten Mitochondrien nachgewiesen werden (Sickmann *et al.*, 2003), wohingegen die subzelluläre Lokalisierung von 6% der identifizierten Proteine unklar ist. Lediglich drei der Proteine Ykr078w, Drs1 und Sas3 sind eindeutig nicht-mitochondrial und scheinen daher Kontaminationen darzustellen.

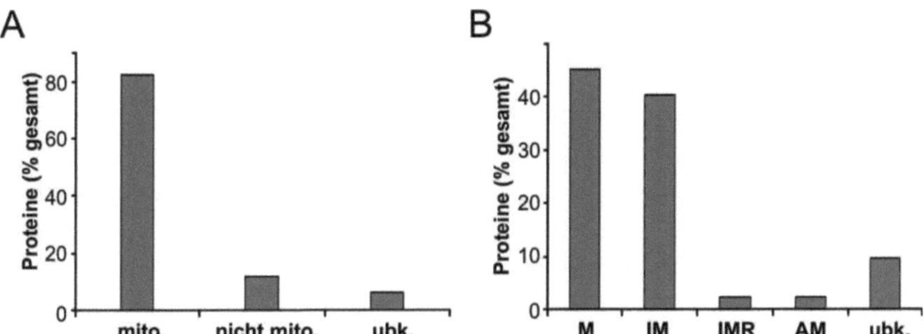

Abbildung 3.18: Zelluläre (A) und submitochondriale (B) Lokalisierung der Proteine, von denen Peptide identifiziert werden konnten; gemäß Tabelle 3.1. *mito.*, mitochondrial; *ubk.*; unbekannt; *M*, mitochondriale Matrix; *IM*, mitochondriale Innenmembran; *IMR*, mitochondrialer Intermembranraum; *AM*, mitochondriale Außenmembran.

Bei Betrachtung der submitochondrialen Lokalisierung von Proteinen, deren Peptide identifiziert werden konnten (Abbildung 3.18B) zeigt sich, dass sich 46% der Proteine in der mitochondrialen Innenmembran und 40% in der mitochondrialen Matrix befinden. Zusätzlich konnten von je einem Protein im Intermembranraum und in der Außenmembran Peptide nachgewiesen werden. Somit stammen identifizierte Peptide von Proteinen aus unterschiedlichen mitochondrialen Kompartimenten, jedoch hauptsächlich aus der mitochondrialen Innenmembran und Matrix.

Von den meisten Proteinen konnten nur ein einziges oder nur sehr wenige unterschiedliche Peptide identifiziert werden. Im Gegensatz dazu stammt etwa die Hälfte der nachgewiesenen Peptide von lediglich drei verschiedenen Proteinen (Tabelle 3.1): Der externen NADH1-Dehydrogenase 1 (Nde1), der Cytochrom-Oxidase Untereinheit 2 (Cox2) und Ylr356w, einem uncharakterisierten Protein. Sowohl Nde1 als auch Cox2 sind in der mitochondrialen Innenmembran verankert und besitzen große Domänen im Intermembranraum, wohingegen Ylr356w ein integrales Membranprotein mit vier vorhergesagten Transmembranregionen zu sein scheint. Die identifizierten Peptide decken große Teile der entsprechenden Volllängenproteine ab, 54,3% von Nde1, 55,4% von Cox2 und 38,1% von Ylr356w (Abbildung 3.19). Eine ähnlich hohe Sequenzüberlappung konnte für einige kleinere mitochondriale Proteine wie Stf1, Atp17 und Atp18 beobachtet werden (Tabelle 3.1). Generell konnten kaum Peptide der Transmembranregionen von Membranproteinen nachgewiesen werden. Möglicherweise gehen Peptide dieser Bereiche aufgrund ihre Hydrophobizität während der Reinigung verloren.

Nde1

MIRQSLMKTVWANSSRFSLQSKSGLVKYAKNRSFHAARNLL**EDKKVI**
LQKVAPTTGVVAKQSFFKRTGKFTLKALLYSALAGTAYVSYSLY**REA**
NPSTQVPQSDTFPNGSKRKTLVILGSGWGSVSLLK**NLDTTLYNVVVV**
SPRNYFLF**TPLLPSTPVGTIELK**SIVEPVRTIARRSHGEVHY**YEAEA**
YDVDPENKTIKVK**SSAKNNDYDLDLK**YDYLV**VGVGAQPNTFGTPGVY**
EYSSFL**KEISDAQEIRL**KIM**SSIEKAASLSP**K**DPERARLLSF**VVVGG
GPTGVEFAAELR**DYVDQDLR**KWMPELS**KEIKVTLVEALPNILNM**F**DK**
YLVDYAQDLFKEEKIDLRLKTM**VKKVDATTITAKTGDGDIENIPYGV**
LVWATGNAPREVSKNLMTKLEEQDSRRGLL**IDNKLQLLGA**KGSIFAI
GDCTFHPGLFPTAQVAH**QEGEYLAQYFK**KAYKIDQLNWKMTH**AKDDS**
EVARLKNQIVK**TQSQIEDFKYNH**KGALAY**IGSDKAIADLAVGEAKYR**

Cox2

MLDLLRLQLTTFIMNDVPTPYACY**FQDSATPNQEGILELH**DNIMFYL
LVILGLVSWMLYTIVMTY**SKNPIAYK**YIK**HGQTIEVIWT**IFPAVILL
IIAFPSFILLYLC**DEVISPAMTI**KAIGYQWYWK**YEYSDFINDSGETV**
EFESYVIPDELLEEGQLRLLDTDTSMVVPVDTHIRFVV**TAADVIHDF**
AIPSLGIKVDATPGRLNQVSALIQREGVFYGACSELCGTGHAN**MPIK**

Ylr356w

MSVCLAITKGIAVSSIGLYSGLL**ASASLITSTTPLEVLTGSLTPTLT**
TLKNAATALGAFASTFFCVSFFGAPPSLRHPYLLYGMLVAPLSSFVL
GCASNYQ**SRKYSKVSKESSLFPEDSKLAASELS**DSIIDLGEDNHASE
NTPRDG**KPAAT**TV**SKPAEALHTGPPIHTK**NLIAATAIAIVGFVQAVI

Abbildung 3.19: Proteine, von denen am häufigsten Peptide nachgewiesen werden konnten. Sequenzbereiche, die durch nachgewiesene Peptide abgedeckt werden, sind fettgedruckt. Transmembranregionen sind unterstrichen dargestellt.

3.2.2 ATP- und Temperaturabhängigkeit des mitochondrialen Peptidexports

Um sicherzustellen, dass identifizierte Peptide tatsächlich durch ATP-abhängige Proteolyse generiert und durch aktiven ATP-verbrauchenden Transport exportiert werden, wurde die ATP- und Temperaturabhängigkeit des mitochondrialen Peptidexports untersucht. Zur Depletion von ATP wurden Mitochondrien mit Apyrase und Oligomycin behandelt, bevor der Abbau mitochondrialer Proteine durch Inkubation bei 37℃ induziert wurde. Diese Vorgehensweise hatte eine drastische Reduktion des Exports von Peptiden mitochondrialer Proteine zur Folge, wohingegen die Anzahl an identifizierten Peptiden von nicht-mitochondrialen Proteinen leicht zunahm (Abbildung 3.20A). Diese Ergebnisse sprechen dafür, dass die identifizierten Peptide tatsächlich durch ATP-abhängige Proteolyse entstanden sind. Zur Analyse der Temperaturabhängigkeit wurde der Peptidexport bei 30℃ mit dem bei 37℃ verglichen (Abbildung 3.20B); die Anzahl exportierter Peptide war nach Inkubation bei 30℃ geringfügig reduziert. Es wurden jedoch bei beiden Temperaturen vorwiegend Peptide der gleichen Proteine freigesetzt, was dagegen spricht, dass es sich bei den unter höherer Temperatur exportierten Peptiden überwiegend um Abbauprodukte thermolabiler Proteine handelt.

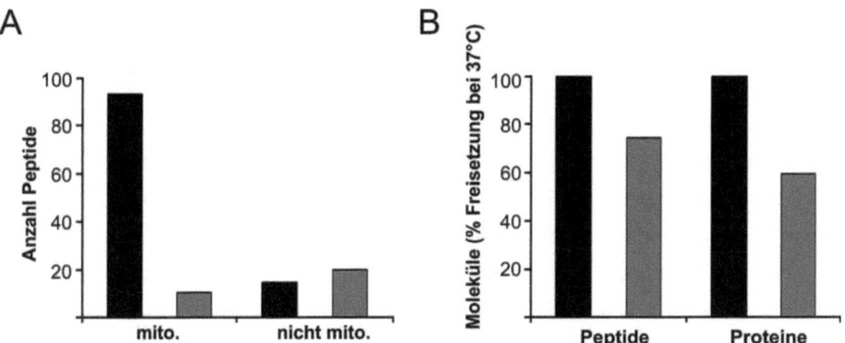

Abbildung 3.20: ATP- und Temperaturabhängigkeit des mitochondrialen Peptidexports. (**A**) ATP-Abhängigkeit der mitochondrialen Peptidfreisetzung. Die durchschnittliche Anzahl von Peptiden, die nach Inkubation von Mitochondrien bei 37℃ unter Standardbedingungen (*schwarz*) oder nach ATP-Depletion (*grau*) nachgewiesen werden konnte, ist für mitochondriale und nicht-mitochondriale Proteine dargestellt. (**B**) Temperaturabhängigkeit; Peptidfreisetzung bei 30℃ (*grau*) und bei 37℃ (*schwarz*). Die durchschnittliche Anzahl Peptide oder entsprechender Proteine, die nach Inkubation bei 30℃ nachgewiesen werden konnte, ist prozentual zur durchschnittlichen Anzahl Peptide oder Proteine, die nach Inkubation bei 37℃ identifiziert werden konnte, dargestellt.

3.2.3 Stabilität von Nde1 und Cox2 in Mitochondrien

Von der NADH1-Dehydrogenase 1 (Nde1) und der Untereinheit 2 der Cytochrom-*c*-Oxidase, (Cox2) wurden zahlreiche Peptide identifiziert. Eine mögliche Erklärung für den bevorzugten Nachweis von Peptiden dieser beiden Proteine könnte deren kurze Halbwertszeit in Mitochondrien sein. Um die Stabilität von Nde1 und Cox2 zu untersuchen, wurde in Lactat-Medium wachsenden Wildtyp-Hefezellen entweder Cycloheximid zur Hemmung der cytosolischen Translation oder Chloramphenicol zur Hemmung der mitochondrialen Translation zugesetzt. Nach Inkubation für unterschiedliche Zeitintervalle wurden Nde1 und Cox2 durch Western-Blot nachgewiesen (Abbildung 3.21A).

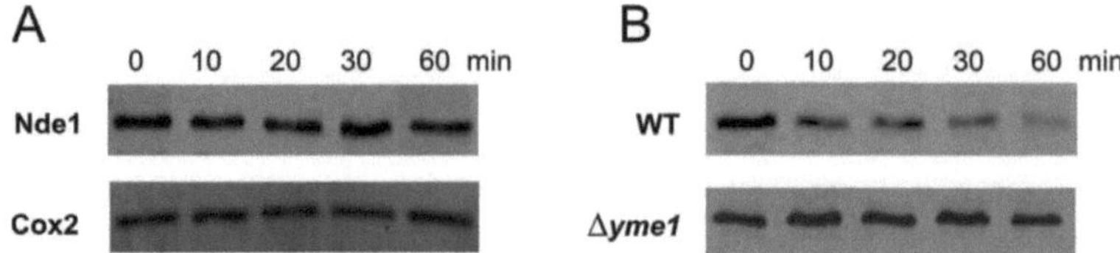

Abbildung 3.21: Analyse der Proteinstabilität von Nde1 und Cox2. (**A**) Zur Analyse der Stabilität von endogenem Nde1 und Cox2 wurde Hefekulturen Cycloheximid (1 mg/ml) oder Chloramphenicol (6 mg/ml) zugesetzt. Zu den angegebenen Zeitpunkten wurden die Zellen lysiert und membrangebundene Proteine durch SDS-PAGE und Western-Blot mit nachfolgender Immundekoration mit Antikörpern, die gegen Nde1 und Cox2 gerichtet waren, nachgewiesen. (**B**) Die Stabilität von Nde1^{HA}, das ein carboxy-terminales HA-Epitop trägt, wurde in Wildtyp (*WT*) und Δ*yme1* auf gleiche Weise wie in (A) analysiert.

Weder bei Nde1 noch bei Cox2 war eine Abnahme der Proteinmenge über die Zeit festzustellen. Auf ähnliche Weise wurde der Abbau von Cox1, Cox3, Atp18 und Tim11 untersucht (nicht abgebildet), doch auch diese Proteine blieben unter den gewählten Bedingungen stabil. Dieser Befund lässt vermuten, dass nur ein kleiner Teil dieser Proteine in logarithmisch wachsenden Hefezellen abgebaut wird, der durch Western-Blot-Analyse nicht nachweisbar ist.

Nicht-assemblierte Cox2-Untereinheiten sind Substrate der *i*-AAA-Protease (Nakai *et al.*, 1995; Pearce and Sherman, 1995). Um zu untersuchen, ob der Nachweis von Cox2-stammenden Peptiden in mitochondrialen Überständen von der Proteolyse durch die *i*-AAA-Protease abhängt, wurde der Export von Cox2-Peptiden aus Mitochondrien, denen die *i*-AAA-Protease, der ABC-Transporter Mdl1 oder beide Proteine fehlen, untersucht (Abbildung 3.22). Mdl1 ist ein Peptidransporter, der Peptide, die durch die *m*-AAA-Protease generiert worden sind, über die mitochondriale Innenmembran transportiert. Tatsächlich konnten in Experimenten mit Δ*yme1*- und Δ*yme1*Δ*mdl1*-Mitochondrien deutlich weniger Cox2-Peptide identifiziert werden, als in solchen mit Δ*mdl1*- und Wildtyp-Mitochondrien (Abbildung 3.22A).

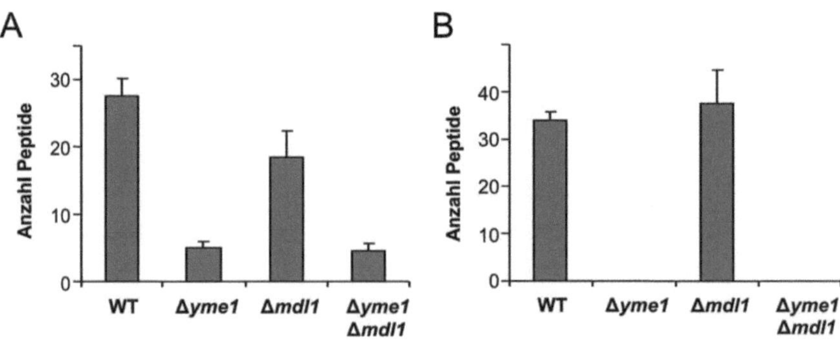

Abbildung 3.22: Vergleich des Exports von Cox2- und Nde1-Peptiden aus Wildtyp- und Mutanten-Mitochondrien. Peptide, die aus Wildtyp- (*WT*), Δ*yme1*-, Δ*mdl1*-, oder Δ*yme1*Δ*mdl1*- Mitochondrien exportiert worden waren, wurden durch massenspektrometrische Analyse identifiziert. Die durchschnittliche Anzahl von Peptiden, die von Cox2 (**A**) oder Nde1 (**B**) in vier unabhängigen Experimenten nachgewiesen werden konnte, ist dargestellt.

Interessanterweise wurden Peptide von Nde1 ausschließlich in Experimenten mit Δ*mdl1*- und Wildtyp-Mitochondrien nachgewiesen, wohingegen in den Überständen von Δ*yme1*- und Δ*yme1*Δ*mdl1*-Mitochondrien keine Nde1-Peptide identifiziert werden konnten (Abbildung 3.22B).

Diese Beobachtung legt nahe, dass Nde1 ebenso wie Cox2 ein Substrat der *i*-AAA-Protease ist. Um diese Vermutung zu bestätigen, sollte die Halbwertszeit einer Nde1-Variante untersucht werden, die durch die Fusion mit einem Hämagglutinin-(HA)-Epitop am Carboxy-Terminus destabilisiert ist, wenn sie in Wildtyp-Zellen exprimiert wird. Dieses Protein ist korrekt an der mitochondrialen Innenmembran lokalisiert (nicht abgebildet). Die Stabilität von $Nde1^{HA}$ wurde bei 37℃ in Wildtyp- und Δ*yme1*-Zellen verglichen, nachdem die cytosolische Proteinsynthese durch Zugabe von Cycloheximid gehemmt worden war (Abbildung 3.21B). Obwohl die Epitop-markierte Nde1-Variante in Wildtyp-Zellen unmittelbar abgebaut wurde, akkumulierte sie in Δ*yme1*-Zellen. Somit scheint Nde1 tatsächlich ebenso wie Cox2 ein Substrat der *i*-AAA-Protease zu sein.

Der Befund, dass in der vorliegenden Analyse überwiegend Peptide von Cox2 und Nde1 identifiziert wurden, könnte dadurch zu erklären sein, dass diese beiden Proteine höher exprimiert werden als andere mitochondriale Proteine. Für Cox2 liegen keine exakten Daten über die Anzahl von Transkripten vor. Von Nde1 wurden tatsächlich mehr Transkripte nachgewiesen als von den meisten anderen für mitochondriale Proteine kodierenden Genen (Ohlmeier *et al.*, 2004). Es konnte jedoch kein strikter Zusammenhang zwischen der Häufigkeit einzelner Proteine, basierend auf der Anzahl von Transkripten, und dem Nachweis ihrer Peptide in mitochondrialen Überständen festgestellt werden. Im Gegenteil wurden von den Proteinen mit der höchsten Anzahl von Transkripten, wie Sdh2, Ald4, Uth1 und Ilv5, keine Peptide identifiziert. Auch die Topologie von Nde1 und Cox2, die beide große Domänen im Intermembranraum besitzen, scheint nicht dafür verantwortlich zu sein, dass vorwiegend Peptide dieser Proteine nachgewiesen wurden, da von anderen im Intermembranraum lokalisierten Proteinen, wie Cytochrom b_2 oder Ccp1, keine Peptide identifiziert werden konnten.

3.2.4 Exportierte Peptide stammen hauptsächlich von Proteinen der Atmungskette

Proteine, von denen Peptide nachgewiesen werden konnten, sollten näher charakterisiert werden. Dazu wurden sie entsprechend der Klassifizierung der MitoP2-Datenbank (Andreoli *et al.*, 2004) in funktionelle Kategorien eingeteilt (Abbildung 3.23). Dabei zeigte sich, dass exportierte Peptide von Proteinen stammen, die diverse Funktionen in Mitochondrien übernehmen. Interessanterweise sind ca. 50% der Proteine mit der mitochondrialen Atmungskette assoziiert, was in Anbetracht der Tatsache, dass vermutlich aus technischen Gründen wenige Peptide hydrophober Bereiche von Membranproteinen nachgewiesen werden konnten, erstaunlich ist (siehe Abbildung 3.19). Um diesen Befund in Beziehung zum mitochondrialen Proteom zu setzen, wurde die relative Verteilung aller bekannten mitochondrialen Proteine, die in der MitoP2-Datenbank enthalten sind (477 Proteine; Stand Juni 2005), auf unterschiedliche funktionelle Klassen bestimmt. Vergleicht man diese Daten mit der relativen Verteilung von Proteinen, deren Peptide identifiziert werden konnten, so ergeben sich signifikante Unterschiede (Abbildung 3.23A). Weniger als 20% der Proteine aus der MitoP2-Datenbank spielen eine Rolle bei der Atmungskette, wohingegen, wie oben beschrieben, etwa 50% der identifizierten Peptide in diese Klasse fallen. 30% der Proteine aus der MitoP2-Datenbank üben Funktionen bei der Proteintranslation oder der Proteinstabilität aus. Im Gegensatz dazu sind weniger als 10% der Proteine, von denen Peptide identifiziert werden konnten, mit der Proteintranslation oder der Proteinstabilität assoziiert. Somit spiegelt sich der hohe Prozentsatz von Proteinen mit Funktionen in der mitochondrialen Atmungskette nicht im mitochondrialen Proteom wider.

Es ist jedoch denkbar, dass die Verteilung von durch Peptide nachgewiesenen Proteinen mit der Häufigkeit mitochondrialer Proteine korreliert. Unter respiratorischen Bedingungen ist die Transkription von Genen der Atmungskette und des Citratzyklus gesteigert. Die hier beschriebenen Experimente wurden mit Mitochondrien aus Zellen durchgeführt, die auf nicht-fermentierbaren Kohlenstoffquellen kultiviert worden waren. Daher ist anzunehmen, dass das Expressionslevel von Proteinen der Atmungskette erhöht war und eventuell auch vermehrt Peptide dieser Proteine exportiert wurden. Es existieren jedoch keine Daten zur Proteinexpression in Hefezellen auf nicht-fermentierbaren Kohlenstoffquellen. Um trotzdem einen Eindruck vom Expressionslevel mitochondrialer Proteine auf nicht-fermentierbaren Kohlenstoffquellen zu bekommen, wurde die Anzahl mitochondrialer Transkripte bestimmt (Ohlmeier *et al.*, 2004) und ihre relative Verteilung auf unterschiedliche funktionelle Klassen ermittelt (Abbildung 3.23B). Dabei ergab sich, dass ca. 35% aller mitochondrialen Transkripte für Proteine mit Funktionen in der Atmungskette kodieren, wohingegen etwa 55% aller Proteine, deren Peptide identifiziert werden konnten, in diese Klasse fallen. Somit kann der bevorzugte Nachweis von Peptiden, die von Proteinen der Atmungskette stammen, nur teilweise durch eine verstärkte Expression unter respiratorischen Wachstumsbedingungen erklärt werden.

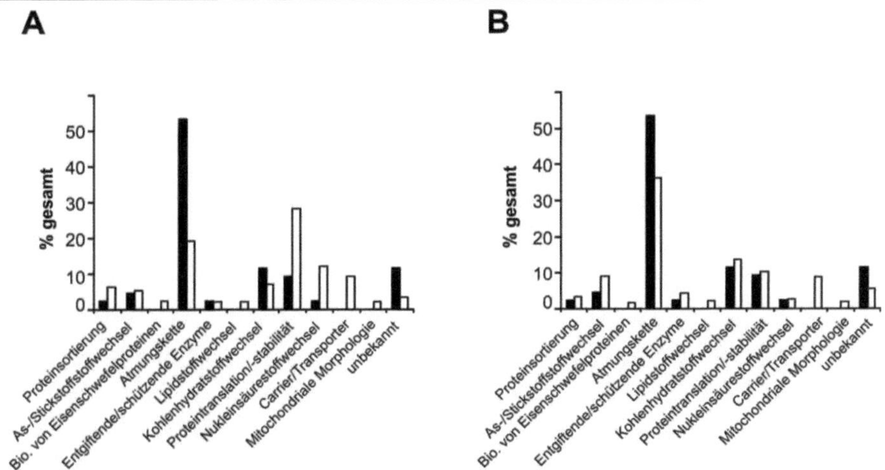

Abbildung 3.23: Funktionelle Klassifizierung der Proteine, von denen Peptide nachgewiesen werden konnten. (**A**) Die Verteilung von Proteinen, die identifizierten Peptiden entsprechen, in unterschiedliche funktionelle Kategorien ist in Form *schwarzer Balken* im Vergleich zur Verteilung mitochondrialer Proteine (*graue Balken*), die in der MitoP2-Datenbank enthalten sind, dargestellt. In (**B**) wird die Verteilung von Proteinen, die identifizierten Peptiden entsprechen (*schwarze Balken*), in Relation zur Verteilung von Transkripten von Genen, die für mitochondriale Proteine kodieren (*graue Balken*), gesetzt. Die Daten zur Transkriptverteilung stammen aus Analysen, welche mit Zellen, die unter respiratorischen Bedingungen kultiviert worden waren, durchgeführt worden sind (Ohlmeier *et al.*, 2004). *As*, Aminosäure; *Bio.*, Biogenese.

3.2.5 Einfluss von Oligopeptidasen auf den Peptidexport

Im Intermembranraum von Hefemitochondrien konnten zwei lösliche Metallopeptidasen identifiziert werden, Mop112 und Saccharolysin (Prd1) (Büchler *et al.*, 1994; Kambacheld *et al.*, 2005). Beide sind für den Abbau mitochondrialer Proteine nicht essenziell. Vielmehr zeigte sich bei Chase-Experimenten mit in isolierten Mitochondrien synthetisierten Proteinen, dass diese Metallopeptidasen einen Einfluss auf die Stabilität von mitochondrialen Peptiden haben. Dabei scheint Mop112 vorwiegend längere Peptide abzubauen, wohingegen kurze Peptide unbeeinträchtigt bleiben (Kambacheld *et al.*, 2005). Nach *in- organello*-Translation wurden aus Δ*mop112*-Mitochondrien doppelt so viele längere Peptide freigesetzt wie aus Wildtyp Mitochondrien. Im Gegensatz dazu führt die Deletion von *PRD1* zu einer geringfügigen Akkumulation von kurzen und längeren Peptiden, was darauf schließen lässt, dass diese Oligopeptidase beide Spezies abbauen kann. Vergleichbare Analysen mit Mitochondrien, denen entweder die *i*-AAA-Protease oder der ABC-Transporter Mdl1 fehlten, deuten darauf hin, dass die beide Oligopeptidasen nicht nur am Abbau von im Intermembranraum generierten Peptiden, sondern auch am Abbau von Proteolyseprodukten der mitochondrialen Matrix beteiligt sind

(Kambacheld *et al.*, 2005). Um den Einfluss von Mop112 und Prd1 auf den mitochondrialen Peptidexport genauer zu untersuchen, wurden freigesetzte Peptide aus Wildtyp-, Δ*prd1*-, Δ*mop112*- und Δ*prd1*Δ*mop112*-Mitochondrien isoliert und durch Massenspektrometrie sequenziert. In den Überständen von Wildtyp-Mitochondrien wurde wie bereits in früheren Experimenten (siehe 3.2.1) ein heterogenes Peptidspektrum nachgewiesen. Während in Experimenten, die mit Wildtyp-, Δ*prd1*- und Δ*mop112*-Mitochondrien durchgeführt wurden, vergleichbare Mengen an Peptiden identifiziert werden konnten, führte die gleichzeitige Deletion von *MOP112* und *PRD1* zu einer wesentlich höheren Anzahl nachgewiesener Peptide (Abbildung 3.24A). Die Anzahl mitochondrialer Proteine, von denen Peptide identifiziert werden konnten, stieg in gleicher Weise an (Abbildung 3.24B).

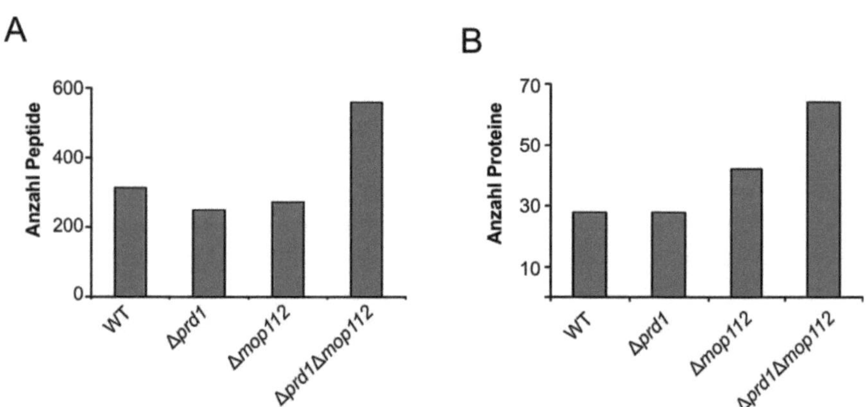

Abbildung 3.24: Peptidexport aus Oligopeptidase-defizienten Mitochondrien. (A) Anzahl exportierter Peptide, die in Experimenten mit Wildtyp- (*WT*; 314 Peptide), Δ*prd1*- (251 Peptide), Δ*mop112*- (273 Peptide) und Δ*prd1*Δ*mop112*- (560 Peptide) Mitochondrien identifiziert werden konnten. Jedes Experiment wurde viermal durchgeführt und Peptide wurden nur dann für die Analyse herangezogen, wenn sie in mindestens zwei von vier unabhängigen Experimenten nachgewiesen werden konnten. **(B)** Anzahl der Proteine, von denen Peptide identifiziert werden konnten.

Beim Vergleich der exportierten Peptide zeigte sich, dass Proteolyseprodukte einiger Proteine nur in Experimenten mit Peptidase-defizienten Mitochondrien freigesetzt wurden. Dadurch war es möglich, die Aktivität von Mop112 und Prd1 dem proteolytischen Abbau der Peptide von 15 Proteinen aus unterschiedlichen mitochondrialen Kompartimenten zuzuordnen (Tabelle 3.2).

Tabelle 3.2: Proteine, deren Peptide durch die Oligopeptidasen Prd1 und Mop112 abgebaut werden. *M*, mitochondriale Matrix; *IM*, mitochondriale Innenmembran; *IMR*, mitochondrialer Intermembranraum; *n*, nicht-mitochondrial; *Lok.*, submitochondriale Lokalisierung; +, Peptide identifiziert.

Protein	Lok.	Δprd1	Δmop112	Δprd1Δmop112
Atp16	M			+
Atp2	M			+
Atp5	M		+	+
Cox4	M		+	+
Cox5a	IM			+
Cox6	M			+
Cox7	IM			+
Cyb2	IMR			+
Hem1	M		+	+
Ilv5	M		+	+
Mrpl32	M			+
Pda1	M			+
Qcr10	IM	+	+	+
Rsm19	M			+
Sdh2	M	+	+	+
Ymr002w	n			+

Peptide weiterer fünf Proteine wurden vorwiegend in Überständen von Mutanten und kaum in denen von Wildtyp-Mitochondrien nachgewiesen (Tabelle 3.3). In Übereinstimmung mit einer überlappenden, aber nicht identischen Substratspezifität von Mop112 und Prd1 akkumulierte der Großteil der Peptide dieser Proteine ausschließlich im Überstand von *Δprd1Δmop112*-Mitochondrien, wohingegen nur wenige Peptide dieser Proteine bereits in Experimenten mit Mitochondrien, denen nur Mop112 oder Prd1 fehlte, identifiziert werden konnten.

Tabelle 3.3: Proteine, deren Peptide teilweise durch die Oligopeptidasen Prd1 und Mop112 abgebaut werden. Die durchschnittliche Anzahl identifizierter Peptide ist fettgedruckt dargestellt. Die in Klammern angegebenen Quotienten geben an, wie oft Peptide des jeweiligen Proteins in vier unabhängigen Experimenten nachgewiesen werden konnten. *Prot.*, Protein; *Lok.*, submitochondriale Lokalisierung.

Prot.	Lok.	WT	Δprd1	Δmop112	Δprd1Δmop112
Cox3	IM	1 (2/4)	2 (2/4)	1 (2/4)	10(4/4)
Idh1	M	1 (2/4)	1 (4/4)	3 (4/4)	6 (4/4)
Sdh4	IM	2 (2/4)	2 (4/4)	2 (4/4)	6 (4/4)
Atp14	M	1 (2/4)	1 (2/4)	1 (4/4)	5 (4/4)
Atp6	IM	1 (2/4)	- -	1 (2/4)	4 (4/4)

Interessanterweise konnten in Experimenten mit *Δprd1Δmop112*-Mitochondrien auch 45 Peptide identifiziert werden, die aus Lokalisierungssequenzen mitochondrialer Proteine stammten. Dabei handelte es sich um sieben Proteine aus unterschiedlichen mitochondrialen Subkompartimenten: Atp2, Cox6, Cyb2, Gut2, MrpL32, Pdb1 und Yta10 (Tabelle 3.4).

Tabelle 3.4: Nachweis von Peptiden aus mitochondrialen Lokalisierungssequenzen. Die durchschnittliche Anzahl Peptide und die durchschnittliche Anzahl unterschiedlicher Peptide sind dargestellt. Zwei Peptide, die aus der mitochondrialen Lokalisierungssequenz von Gut2 stammten, konnten zusätzlich in drei unabhängigen Experimenten, die mit *Δprd1*-Mitochondrien durchgeführt worden waren, identifiziert werden. Lok., Lokalisierung; *Anz.*, Anzahl Peptide.; *unter.*, Anzahl unterschiedliche Peptide.

Protein	Lok.	Anz.	unter.
Gut2	IM	16	7
Cyb2	IMR	10	4
Mrpl32	M	7	5
Yta10	IM	3	1
Cox6	M	6	4
Pdb1	M	2	1
Atp2	M	1	1

Somit spielen Mop112 und Prd1 nicht nur bei der Proteolyse einer Vielzahl mitochondrialer Proteine eine Rolle, sondern sind auch am Abbau von mitochondrialen Lokalisierungssequenzen, die in unterschiedlichen mitochondrialen Subkompartimenten von spezifischen Prozessierungspeptidasen abgespalten werden, beteiligt.

4 Diskussion

4.1 Struktur der *m*-AAA-Protease

Die *m*-AAA-Protease der Hefe *S. cerevisiae* ist ein hetero-oligomerer Komplex in der mitochondrialen Innenmembran, der aus Yta10- und Yta12-Untereinheiten aufgebaut ist. Zu Beginn dieser Arbeit war weder die Anzahl noch die Anordnung der Untereinheiten des *m*-AAA-Proteasekomplexes bekannt.

Um die Struktur der Protease aufzuklären wurden gereinigte Proteasekomplexe durch Elektronenmikroskopie untersucht. Die elektronenmikroskopischen Daten belegen eindeutig, dass die *m*-AAA-Protease ein Hexamer ist. Dieser Befund steht in Einklang mit Strukturanalysen der homologen bakteriellen FtsH-Protease, die ebenfalls einen hexameren Komplex nachgewiesen haben (Bieniossek *et al.*, 2006; Suno *et al.*, 2006). Auch die Größe der dreidimensional-rekonstruierten *m*-AAA-Protease stimmt in etwa mit der für FtsH ermittelten überein. So weisen die cytoplasmatischen Domänen von FtsH aus *T. maritima* und die Matrixdomänen der *m*-AAA-Protease eine Höhe von etwa 65 Å bzw. 80 Å und einen Durchmesser von ca. 100 Å bzw. 135 Å auf (Bieniossek *et al.*, 2006). In den veröffentlichten kristallographischen Analysen von FtsH wurden jedoch nur die cytoplasmatischen Domänen der Protease untersucht (Krzywda *et al.*, 2002; Niwa *et al.*, 2002; Bieniossek *et al.*, 2006; Suno *et al.*, 2006). Dagegen wurde die *m*-AAA-Protease inklusive ihrer Membrandomänen exprimiert und analysiert. Dadurch ist es erstmals möglich, einen Eindruck von der Transmembranregion einer AAA-Protease zu bekommen. Die Sequenzen der Transmembranhelices von Yta10 und Yta12 wurde mit dem Programm TMHMM prognostiziert (Krogh *et al.*, 2001): Die Helices sind vermutlich jeweils aus ca. 20 Aminosäuren aufgebaut, was einer Länge von etwa 30 Å entspricht. Dieser Wert stimmt in etwa mit dem Abstand zwischen der Hauptmasse und der kronenförmigen Struktur überein, was nahe legt, dass der Bereich zwischen diesen beiden Strukturelementen die Transmembranregion der Protease darstellt. Der untere Teil der mutmaßlichen Transmembrandomänen zeigt eine sehr geringe Partikeldichte, was darauf hindeutet, dass diese Region sehr flexibel ist. In der dreidimensionalen Struktur sind die in der Matrix lokalisierten Bereiche der amino-terminalen Domänen von Yta10 und Yta12 nicht nachweisbar; vermutlich weisen sie ebenfalls eine hohe Flexibilität auf. In diesen Bereichen unterscheiden sich die Sequenzen von Yta10 und Yta12 sowohl in ihrer Länge als auch in ihrer Aminosäurezusammensetzung deutlich; es ist prinzipiell möglich, dass bei der dreidimensionalen Rekonstruktion Strukturinformationen über diese Bereiche verloren gegangen sind, da von einer sechsfachen Symmetrie ausgegangen wurde. Jedoch waren die amino-terminalen Matrixdomänen von Yta10 und Yta12 auch in Modellen, die ohne Symmetrie erstellt wurden, nicht vorhanden, was dafür spricht, dass sie tatsächlich aufgrund ihrer Flexibilität nicht dargestellt sind. Somit war es anhand der Rekonstruktion der *m*-AAA-Protease nicht möglich, die Anordnung von Yta10- und Yta12-Untereinheiten im Komplex zu bestimmen.

Yta10 und Yta12 sind in isolierten Proteasekomplexen in äquimolaren Mengen vorhanden. Da die Überexpression von Yta12 das stöchiometrische Verhältnis der beiden Untereinheiten in isolierten *m*-AAA-Proteasekomplexen nicht beeinträchtigt, kann eine stochastische Anordnung von Yta10 und Yta12 ausgeschlossen werden. Deshalb verbleiben lediglich zwei mögliche Anordnungen der Untereinheiten im Proteasekomplex: ein Trimer aus Dimeren oder ein Dimer aus Trimeren. Aufgrund eingehender Mutationsanalysen, die ausnahmslos mit einer „Trimer aus Dimeren"-Anordnung korrelieren, ist es sehr wahrscheinlich, dass die *m*-AAA-Protease aus alternierend angeordneten Yta10- und Yta12-Untereinheiten aufgebaut ist. Damit ähnelt die Anordnung der *m*-AAA-Proteaseuntereinheiten der der F_1-ATPase, die ebenfalls als alternierend angeordnetes Hetero-Oligomer existiert (Abrahams *et al.*, 1994).

4.2 Regulation des ATPase-Zyklus der *m*-AAA-Protease

Einige Mutationen in den ATPase-Domänen von Yta10 oder Yta12 haben unterschiedliche Auswirkungen auf die ATPase-Aktivität isolierter *m*-AAA-Proteasekomplexe. Während Mutationen in den Walker-A-Motiven von Yta10 oder Yta12 oder dem Walker-B-Motiv von Yta10 die ATPase-Aktivität des *m*-AAA-Proteasekomplexes in vergleichbarer Weise beeinträchtigen, führen Mutationen im Walker-B-Motiv von Yta12 zu einer drastischen Reduktion der ATPase-Aktivität der Protease; wahrscheinlich ist die mit der Mutation einhergehende stabile Bindung von ATP an Yta12 für diesen Effekt verantwortlich. In *m*-AAA-Proteasevarianten mit Mutationen im Walker-B-Motiv von Yta12 scheint Yta10 jedoch die gleiche Affinität für ATP zu besitzen wie in solchen, die Mutationen im Walker-A-Motiv von Yta12 tragen. Daher blockiert die Bindung von ATP an Yta12 vermutlich nicht die ATP-Bindung an Yta10, sondern die ATP-Hydrolyse durch Yta10.

Die Mutation des Arginin-Fingers von Yta10, der in die ATP-Bindungstasche von Yta12 hinein ragt, hat überraschenderweise eine vergleichbare Wirkung auf die ATPase-Aktivität der *m*-AAA-Protease wie die Mutation im Walker-B-Motiv von Yta12. Jedoch führen Mutationen der Arginin-Finger der *m*-AAA-Protease nicht zu stabiler ATP-Bindung; im Gegenteil inhibieren Mutationen der Arginin-Finger die Bindung von ATP an die Protease. Deshalb ist es wahrscheinlich, dass der Arginin-Finger von Yta10 - zusätzlich zu seiner Funktion bei der ATP-Hydrolyse in der ATP-Bindungstasche von Yta12 - daran beteiligt ist, den durch ATP-Bindung an Yta12 verursachten Block der ATPase-Aktivität von Yta10 in *cis* zu vermitteln. Für die Arginin-Finger der DNA-Helikase MCM konnte ebenfalls zusätzlich zur Rolle bei der ATP-Hydrolyse in *trans* eine Funktion in *cis* nachgewiesen werden (Moreau *et al.*, 2007).

Aus diesen Befunden lässt sich ein semi-sequenzielles Modell für den ATP-Hydrolysezyklus der *m*-AAA-Protease ableiten (Abbildung 4.1): Während die Yta12-Untereinheiten unbeeinträchtigt von der Nukleotidbesetzung der Nachbaruntereinheiten ATP hydrolysieren können, wird die ATP-Hydrolyse in Yta10-Untereinheiten durch ATP-gebundene Yta12-Untereinheiten inhibiert.

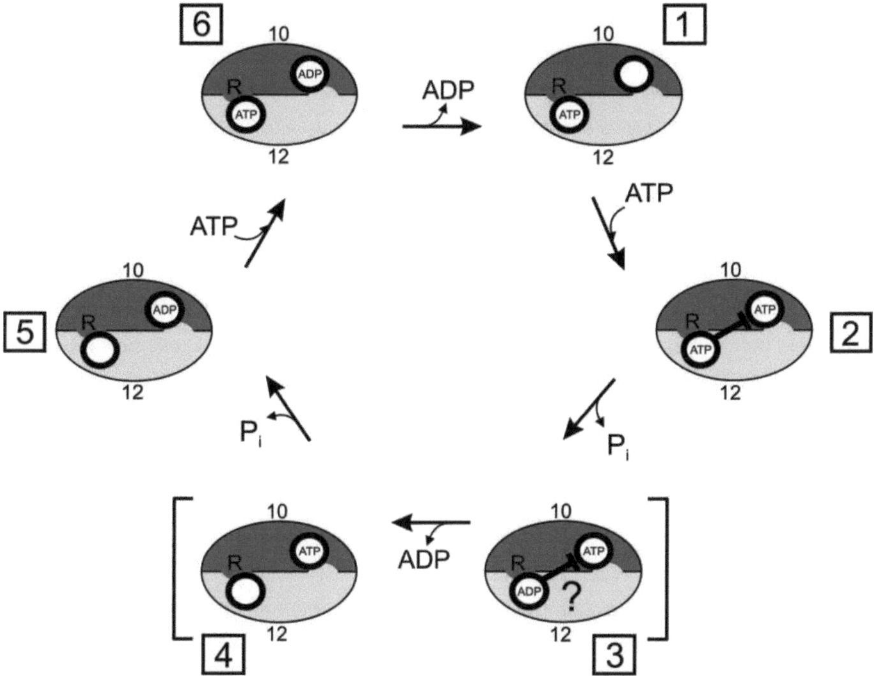

Abbildung 4.1: ATP-Hydrolysezyklus der *m*-AAA-Protease. (**1**) ATP ist an Yta12 gebunden; die ATP-Bindungstasche von Yta10 ist leer. ATP bindet an Yta10. (**2**) An Yta12 gebundenes ATP blockiert die Hydrolyse von ATP in der Yta10-Untereinheit, deren Arginin-Finger (*R*) mit der ATP-Bindungstasche von Yta12 in Kontakt steht. Vermutlich wird der Block über diesen Arginin-Finger vermittelt. ATP in der ATP-Bindungstasche von Yta12 wird hydrolysiert. Der Arginin-Finger von Yta10 erkennt den Nukleotidbindungszustand der ATP-Bindungstasche von Yta12. Entweder wenn ADP in der ATP-Bindungstasche von Yta12 gebunden ist (**3**) oder sie nukleotidfrei ist (**4**), kann die ATP-Hydrolyse in der ATP-Bindungstasche von Yta10 erfolgen (**5**). ATP bindet in der ATP-Bindungstasche von Yta12 (**6**). Nachdem ADP aus der ATP-Bindungstasche von Yta10 freigesetzt worden ist, kann ATP in der ATP-Bindungstasche von Yta10 binden (**1**). Yta10- und Yta12-Untereinheiten sind dunkel- bzw. hellgrau unterlegt.

Die ATP-Hydrolyse in einer gegebenen Yta10-Untereinheit kann erst stattfinden, wenn die Yta12-Untereinheit ATP hydrolysiert hat. Diese inhibitorische Wechselwirkung wird vermutlich durch den Arginin-Finger von Yta10, der mit der ATP-Bindungstasche von Yta12 in Kontakt steht, vermittelt. Somit besteht die *m*-AAA-Protease funktionell vermutlich aus drei Dimeren, die jeweils aus einer Yta10- und einer Yta12-Untereinheit aufgebaut sind und unabhängig voneinander funktionieren können.

Bisher ist wenig darüber bekannt, wie die ATP-Hydrolyse in AAA^+-Proteinen abläuft. Für die homo-oligomere ATPase ClpX gelang es, die sechs Untereinheiten des Proteins auf einer einzigen

Polypeptidkette zu exprimieren (Martin *et al.*, 2005). Diese ClpX-Variante erlaubte es, den Einfluss verschiedenster Anordnungen von Wildtyp- und mutierten Untereinheiten zu untersuchen. Da die ATP-Hydrolyse durch ClpX weder synchron noch strikt sequenziell erfolgen muss, schlagen Martin und Kollegen vor, dass ClpX ATP stochastisch hydrolysiert und die ATP-Hydrolyse möglicherweise durch Substratbindung initiiert wird (Martin *et al.*, 2005). Bei genauer Betrachtung der Daten zur ATPase-Aktivität von ClpX fällt jedoch auf, dass die Bindung von ATP an ClpX-Untereinheiten zu einem ähnlichen Effekt wie die ATP-Bindung an die Yta12-Untereinheit der *m*-AAA-Protease führt; sie reduziert die ATP-Hydrolyse der Nachbaruntereinheit, deren Arginin-Finger mit der ATP-gebundenen Untereinheit in Kontakt steht. Dagegen scheint eine ATP-freie Untereinheit keinen negativen Effekt auf die Nachbaruntereinheit zu haben (Martin *et al.*, 2005). Diese unidirektionale Hemmung der ATP-Hydrolyse durch ATP-Bindung deutet darauf hin, dass der ATP-Hydrolysezyklus von ClpX ebenfalls durch die Bindung von ATP reguliert wird und die ATP-Hydrolyse durch ClpX *in vivo* vermutlich entsprechend einem sequenziellen Hydrolysemechanismus abläuft.

In höheren Eukaryonten konnten neben hetero- auch homo-oligomere *m*-AAA-Proteasekomplexe nachgewiesen werden (Atorino *et al.*, 2003; Koppen *et al.*, 2007). Es ist vorstellbar, dass die ATP-Hydrolyse auch in *m*-AAA-Proteasekomplexen höherer Eukaryonten durch die Bindung von ATP reguliert wird. Vorläufige Ergebnisse deuten tatsächlich darauf hin, dass homo-oligomere *m*-AAA-Proteasekomplexe ATP ebenso wie ClpX in sequenzieller Weise hydrolysieren können (F. Gerdes, unveröffentlicht).

Aufgrund dieser Befunde ist es nahe liegend, dass die ATP-Hydrolyse in geschlossenen homo- und hetero-oligomeren AAA$^+$-Ringkomplexen generell durch die Bindung von ATP reguliert wird und daraus koordinierte sequenzielle oder semi-sequenzielle ATP-Hydrolysezyklen resultieren. Dabei scheinen die Arginin-Finger der SRH-Region eine entscheidende Rolle bei der Kommunikation zwischen den Untereinheiten zu spielen.

4.3 Funktionsmechanismus der *m*-AAA-Protease

Wie ist der semi-sequenzielle ATP-Hydrolysezyklus der *m*-AAA-Protease mit der Prozessierung von Substraten gekoppelt? Bei der Analyse der *in-vivo*-Aktivität unterschiedlicher *m*-AAA-Proteasevarianten zeigte sich, dass die Prozessierung von MrpL32 und Ccp1 in Zellen, die Mutationen in den Walker-B-Motiven von Yta10 oder Yta12 aufweisen, blockiert ist (T. Tatsuta, unveröffentlicht). Hingegen können diese Substrate in Zellen mit Mutationen in den Walker-A-Motiven von Yta10 oder Yta12 prozessiert werden. *m*-AAA-Proteasevarianten mit Mutationen im Walker-B-Motiv von Yta12 zeigten keine ATPase-Aktivität; daher überrascht es nicht, dass in Hefezellen, die diese Varianten exprimieren, keine Prozessierung von Ccp1 und MrpL32 stattfindet. Dagegen war die ATPase-Aktivität von *m*-AAA-Proteasevarianten mit Mutationen im Walker-B-

Motiv von Yta10 mit der von Varianten mit Mutationen in den Walker-A-Motiven von Yta10 oder Yta12 vergleichbar. Somit blockiert die Bindung von ATP an Yta10 vermutlich die Substratprozessierung durch Yta12, obwohl sie keinen negativen Effekt auf die ATPase-Aktivität von Yta12 hat. Dagegen ist die Substratprozessierung von Ccp1 und MrpL32 in Zellen, die *m*-AAA-Proteasevarianten mit Mutationen in den Walker-A-Motiven von Yta10 oder Yta12 exprimieren, proportional zur *in-vitro*-ATPase-Aktivität entsprechender *m*-AAA-Proteasekomplexe. Daher scheint die Substratprozessierung durch eine gegebene Untereinheit unabhängig von der ATPase-Aktivität der Nachbaruntereinheiten stattfinden zu können.

Kombiniert man diese Befunde mit dem ATP-Hydrolysezyklus der *m*-AAA-Protease (siehe 4.2), resultiert daraus der in Abbildung 4.2 dargestellte Funktionsmechanismus. Dabei kann effiziente Substratprozessierung nur erfolgen, wenn die Nachbaruntereinheit ATP-frei ist; dies wird durch den semi-sequenziellen ATP-Hydrolysezyklus der *m*-AAA-Protease erreicht: ATP-Bindung an Yta12 blockiert die ATP-Hydrolyse durch Yta10, wohingegen der Nukleotidzustand von Yta10 die ATP-Hydrolyse durch Yta12 nicht beeinträchtigt. Daraus folgt, dass ATP immer zuerst in der ATP-Bindungstasche von Yta12 hydrolysiert wird. Die Energie der ATP-Hydrolyse kann jedoch nicht für die Substrattranslokation verwendet werden, weil in der Yta10-Untereinheit ATP gebunden ist. Dann erfolgt unmittelbar die ATP-Hydrolyse in der ATP-Bindungstasche von Yta10. Da die benachbarte Yta12-Untereinheit ATP-frei ist, kann die Substrattranslokation durch Yta10 stattfinden und die Substratprozessierung erfolgen.

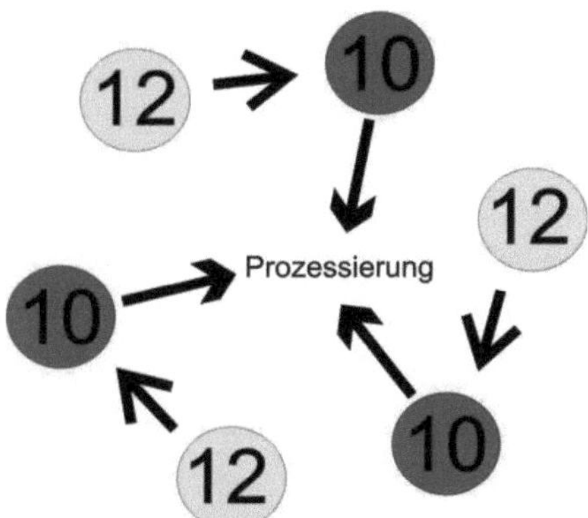

Abbildung 4.2: Funktionsmechanismus der *m*-AAA-Protease: Durch den semi-sequenziellen ATP-Hydrolysemechanismus der *m*-AAA-Protease wird gewährleistet, dass die Substratprozessierung erfolgen kann. *10*, Yta10-Untereinheit; *12*, Yta12-Untereinheit.

Sequenzielle ATP-Hydrolysemechanismen in homo-oligomeren AAA^+-Proteinen gewährleisten vermutlich ebenfalls, dass die Nachbaruntereinheit einer ATP-hydrolysierenden Untereinheit ATP-frei ist und die Translokation erfolgen kann. Darüber hinaus wird durch sequenzielle ATP-Hydrolysemechanismen in AAA^{+}-Proteinen vermutlich eine kontinuierliche Substrattranslokation ermöglichen, indem alle sechs Untereinheiten reihum ATP hydrolysieren und mit dem Substrat in Kontakt treten können. Ein ähnlicher Mechanismus wird für die DNA-Translokation durch die E1-Helikase des Papillomavirus diskutiert (Enemark, *et al.*, 2006). Im Gegensatz dazu scheint beim semi-sequenziellen ATP-Hydrolysemechanismus der *m*-AAA-Protease aus *S. cerevisiae* nur eine Kopplung der Aktivitäten direkt benachbarter Yta10- und Yta12-Untereinheiten vorzuliegen und damit nur ein Dimer aus einer Yta10- und einer Yta12-Untereinheit an der Substrattranslokation beteiligt zu sein.

Sowohl für HslUV als auch für ClpX wurde nachgewiesen, dass sich die Position der Pore-1-Schleifen in der zentralen Pore abhängig von der Nukleotidbesetzung ändert (Wang *et al.*, 2001; Martin *et al.*, 2008). Daher wäre es möglich, dass ATP-Bindung an Yta10 ebenfalls einen Einfluss auf die Position der Pore-1-Schleifen hat. Es ist denkbar, dass die Pore-1-Schleife von Yta10 in der ATP-gebundenen Konformation der Untereinheit weit in die Pore hinein ragt, dadurch die Bewegung der Pore-1-Schleife der benachbarten Yta12-Untereinheit blockiert und so die Translokation von Substraten durch die ATPase-Domäne von Yta12 verhindert. Tatsächlich deuten vorläufige Resultate darauf hin, dass Mutationen, welche die Ausdehnung der Pore-1-Schleife von Yta10 reduzieren, die Substratprozessierung in *m*-AAA-Proteasevarianten, die Mutationen in den Walker-B-Motiven von Yta10 aufweisen, wiederherstellen (nicht abgebildet). Somit ist es wahrscheinlich, dass auch im Fall der *m*-AAA-Protease ATP-Bindung und -Hydrolyse zu Konformationsänderungen führen, die gerichtete Bewegungen der Pore-1-Schleifen induzieren und dadurch die aktive Translokation von Substraten ermöglichen.

Es ist vorstellbar, dass es bei stochastischer ATP-Hydrolyse oft zu Kollisionen sich bewegender Loops und damit zu einer Blockade der Translokation kommen würde, und AAA^{+}-Proteine unter anderem, um diese sterischen Probleme zu vermeiden und effiziente Substrattranslokation gewährleisten zu können, semi-sequenzielle und sequenzielle ATP-Hydrolysemechanismen entwickelt haben.

Um zu untersuchen, ob die Pore-1-Schleifen bei der *m*-AAA-Protease-vermittelten Reifung von Ccp1 durch Pcp1 eine Rolle spielen, wurden Mutationen in konservierte Aminosäurereste der Pore-1-Schleifen eingeführt. Alle analysierten Mutationen hatten drastische Effekte auf die Prozessierung von Ccp1 zur Folge; jedoch war in den meisten Fällen auch die ATPase-Aktivität der *m*-AAA-Proteasevarianten erheblich erniedrigt. Eine Mutante, in der die unmittelbar vor der Pore-1-Schleife gelegenen Methionin-Reste von Yta10 und Yta12 zu Lysin mutiert waren, wies allerdings noch signifikante ATPase-Aktivität auf, obwohl die Ccp1-Prozessierung in Hefezellen, die diese *m*-AAA-Proteasevariante exprimierten, deutlich reduziert war. Daher wird Ccp1 wahrscheinlich bei der Prozessierung durch die zentrale Pore der *m*-AAA-Protease transloziert. Dieser Befund deutet darauf hin, dass die mit der Translokation einhergehende

Membrandislokation von Ccp1 die Prozessierung durch Pcp1 ermöglicht. Im folgenden Kapitel soll genauer auf die Funktion der *m*-AAA-Protease bei der Reifung von Ccp1 eingegangen werden. In FtsH beeinträchtigen Mutationen der Pore-1-Schleife ebenfalls nicht nur die Proteolyse, sondern auch die ATPase-Aktivität (Yamada-Inagawa *et al.*, 2003); hingegen haben Mutationen der Pore-1-Schleife in anderen AAA$^+$-Proteasen wie ClpX oder Hsp104 keinen negativen Effekt auf die ATPase-Aktivität (Lum *et al.*, 2004; Siddiqui *et al.*, 2004).

4.4 Die Membrandislokation von Ccp1 wird durch die *m*-AAA-Protease vermittelt

An der Prozessierung der Cytochrom-*c*-Peroxidase sind die *m*-AAA-Protease und die Rhomboid-Protease Pcp1 beteiligt (Esser *et al.*, 2002). Die proteolytische Aktivität der *m*-AAA-Protease ist für die Reifung von Ccp1 nicht essenziell, wohingegen die ATPase-Aktivität unverzichtbar ist (Tatsuta *et al.*, 2007). Daher lag es nahe, dass die *m*-AAA-Protease die ATP-abhängige Membrandislokation von Ccp1 vermittelt, um die Prozessierung durch Pcp1 zu ermöglichen. Tatsächlich wiesen *m*-AAA-Proteasevarianten mit Mutationen in den proteolytischen Zentren beider Untereinheiten noch signifikante ATPase-Aktivitäten auf, was die Reifung von Ccp1 in Hefezellen erklärt, die proteolytisch-inaktive *m*-AAA Proteasevarianten exprimieren. Unterstützt wird die Hypothese einer nicht-proteolytischen Funktion der *m*-AAA-Protease bei der Biogenese von Ccp1 zusätzlich dadurch, dass die Membrandislokation und damit auch die Reifung von Ccp1 nach Verminderung der Hydrophobizität der Transmembrandomäne von Ccp1 unabhängig von der *m*-AAA-Protease erfolgen können (Tatsuta *et al.*, 2007). Außerdem wird Ccp1 bei seiner Reifung wie unter 4.3 beschreiben vermutlich durch die zentrale Pore der *m*-AAA-Protease transloziert, was ebenfalls in Einklang mit der Dislokation des Proteins aus der mitochondrialen Innenmembran steht.

In den analysierten Hefestämmen war die Effizienz der Prozessierung von Ccp1 proportional zur ATPase-Aktivität; im Gegensatz dazu war für die Prozessierung von MrpL32 bereits eine geringe ATPase-Aktivität der Protease ausreichend. Somit ist für die Membrandislokation von Ccp1 ein höherer ATP-Umsatz notwendig als für den Abbau des löslichen MrpL32. In ähnlicher Weise scheint auch für den ERAD-vermittelten Abbau („Endoplasmic Reticulum Associated protein Degradation“) von Transmembrandomänen des CFTR-Proteins („Cystic Fibrosis Transmembrane conductance Regulator“) ein höherer Energiebedarf notwendig zu sein, als benötigt wird, um lösliche cytoplasmatische Domänen des CFTR-Proteins abzubauen (Carlson *et al.*, 2006).

Die Beobachtung, dass Mutationen in den proteolytischen Domänen der *m*-AAA-Protease zu einer Verminderung der ATPase-Aktivität führten, lässt eine gegenseitige Abhängigkeit von proteolytischer und ATPase-Domäne, wie sie auch für das *m*-AAA-Protease-Homolog FtsH in Bakterien beobachtet werden konnte, vermuten (Karata *et al.*, 1999). Warum Mutationen der an der Zinkbindung beteiligten Aspartat-Reste von Yta10 und Yta12 eine drastischere Beeinträchtigung der ATPase-Aktivität der *m*-AAA-Protease nach sich zogen als Mutationen der Glutamat-Reste des HEXXH-Motivs ist unklar. Möglicherweise ist das gebundene Zinkion zusätzlich zu seiner Funktion bei der Proteolyse auch für die Aufrechterhaltung der Struktur der *m*-AAA-Protease von Bedeutung.

Basierend auf den hier beschriebenen Daten kann das in Abbildung 4.3 dargestellte Modell für die Prozessierung von Ccp1 aufgestellt werden. Möglicherweise ist die *m*-AAA-Protease an der Reifung weiterer Proteine des Intermembranraums beteiligt. Höhere Eukaryonten besitzen kein Ccp1-Homolog. Die Prozessierung von Ccp1 kann jedoch auch durch die humane *m*-AAA-Protease gewährleistet werden, wenn diese in Δ*yta10*Δ*yta12*-Zellen exprimiert wird (Koppen *et al.*, 2007). Daher ist es vorstellbar, dass die *m*-AAA-Protease auch in höheren Eukaryoten Substrate über die mitochondriale Innenmembran transloziert, um die Prozessierung durch das Pcp1-Homolog PARL zu ermöglichen. Die Membrandislokation spielt auch beim vollständigen Abbau von fehlgefalteten oder nicht-assemblierten Membranproteinen durch die *m*-AAA-Protease eine Rolle (Leonhard *et al.*, 2000): Nach Erkennen von unstrukturierten Peptidsequenzen außerhalb der Membran können Membranproteine, die lösliche Domänen im Intermembranraum aufweisen, vollständig abgebaut werden.

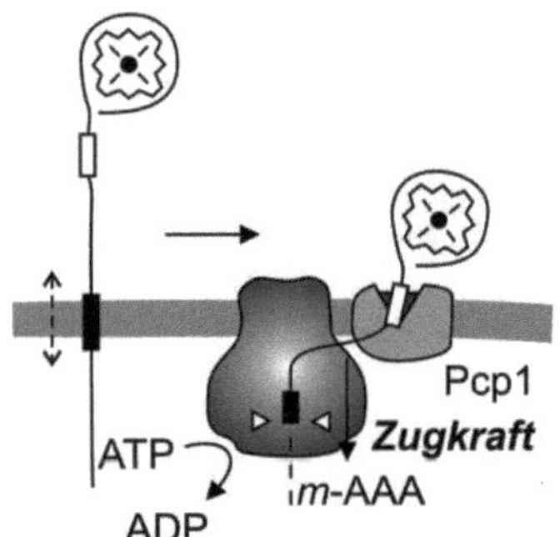

Abbildung 4.3: Modell für die Prozessierung von Ccp1. Ccp1 wird vermutlich durch die TIM23-Translokase in die mitochondriale Innenmembran importiert und dann lateral durch die hydrophobe Transmembrandomäne (*schwarzer Zylinder*) in die mitochondriale Innenmembran inseriert. Unter ATP-Verbrauch vermittelt die *m*-AAA-Protease die Dislokation des Proteins aus der Innenmembran und die Translokation des Amino-Terminus durch die zentrale Pore. Der Amino-Terminus von Ccp1 wird in der proteolytischen Kammer der *m*-AAA-Protease prozessiert. Durch die Dislokation gelangt die Prozessierungsstelle der Rhomboid-Protease Pcp1 (*weißer Zylinder*) in die Innenmembran und wird dort von Pcp1 prozessiert. (Tatsuta *et al.*, 2007).

4.5 Konstanter Export eines breiten Peptidspektrums aus Mitochondrien

Die *m*- und die *i*-AAA-Protease bauen nicht-assemblierte und fehlgefaltete Proteine der mitochondrialen Innenmembran ab (Nakai *et al.*, 1995; Arlt *et al.*, 1996; Guélin *et al.*, 1996). Bei der Proteolyse durch die *m*-AAA-Protease entstehende Peptide können in der mitochondrialen Matrix zu Aminosäuren abgebaut oder durch den ABC-Transporter Mdl1 in den Intermembranraum exportiert werden (Desautels and Goldberg, 1982; Young *et al.*, 2001). Im Gegensatz dazu entstehen Peptide, die durch die katalytische Aktivität der *i*-AAA-Protease generiert werden, direkt im Intermembranraum. Die mitochondriale Außenmembran können Peptide vermutlich durch Porin oder den TOM-Komplex passieren und anschließend im mitochondrialen Überstand nachgewiesen werden (Young *et al.*, 2001; Augustin, 2003).

Isolierte Peptide wurden durch Massenspektrometrie untersucht, um Rückschlüsse auf die Stabilität des mitochondrialen Proteoms, das Substratspektrum mitochondrialer Proteasen und eine mögliche Signalfunktion des mitochondrialen Peptidexports ziehen zu können.

Es konnten zahlreiche Peptide unterschiedlicher mitochondrialer Proteine identifiziert werden. Der Nachweis von mitochondrialen Peptiden war ATP-abhängig, was für die Spezifität der verwendeten Methode spricht. Einige nicht-mitochondriale Peptide wurden dagegen sowohl unter Standardbedingungen als auch in ATP-depletierten Ansätzen detektiert und scheinen daher Kontaminationen darzustellen.

Die Vielzahl von Peptiden verschiedener Proteine deutet darauf hin, dass proteolytische Prozesse in Mitochondrien permanent stattfinden und generierte Peptide stetig exportiert werden. In Übereinstimmung mit dieser Vermutung werden in isolierten Mitochondrien aus auf Galaktose kultivierten Hefezellen innerhalb von 30 Minuten etwa 6% der mitochondrialen Proteine abgebaut und entstehende Peptide und Aminosäuren freigesetzt (Augustin *et al.*, 2005). Neu-synthetisierte mitochondriale Proteine aus auf Galaktose kultivierten Hefezellen besitzen eine vergleichbare Stabilität. Die Abbaurate mitochondrialer Proteine scheint höher als die von Proteinen anderer Kompartimente zu sein. In Hamsterfibroblasten werden innerhalb einer Stunde lediglich 1-2% der zellulären Proteine abgebaut (Gronostajski *et al.*, 1985).

Der Export von Peptiden neu-synthetisierter mitochondrial-kodierter Proteine stellt nur einen Teil des Gesamtexports von Peptiden neu-synthetisierter Proteine dar (Augustin *et al.*, 2005). In Einklang mit diesen Daten wurden in der vorliegenden massenspektrometrischen Analyse vorwiegend Peptide von kernkodierten mitochondrialen Proteinen identifiziert.

4.6 Peptide von Untereinheiten der Atmungskette werden bevorzugt exportiert

Die Lokalisierung der Proteine, von denen Peptide identifiziert werden konnten, wurde miteinander verglichen, um festzustellen, ob Peptide bestimmter mitochondrialer Subkompartimente bevorzugt exportiert werden. Der Großteil nachgewiesener Peptide ist durch die Proteolyse von Proteinen der mitochondrialen Innenmembran entstanden, was überrascht, da weniger als 20% des mitochondrialen Proteoms in diesem Kompartiment lokalisiert sind (Kumar *et al.*, 2002). In Anbetracht der Tatsache, dass kaum Peptide von Transmembranregionen identifiziert werden konnten, ist dieser Befund noch bemerkenswerter. Peptide von Proteinen der Matrix waren dagegen unterrepräsentiert, obwohl mitochondriale Proteine mehrheitlich Matrixproteine sind. Möglicherweise werden viele Peptide, die in der mitochondrialen Matrix entstehen, direkt durch Oligopeptidasen bis zu Aminosäuren abgebaut, bevor sie durch den ABC-Transporter Mdl1 oder andere bisher nicht identifizierte Transporter über die mitochondriale Innenmembran exportiert werden können. Der Abbau von Peptiden in der mitochondrialen Matrix könnte eventuell durch die Oligopeptidasen Lap3 und Yer078c erfolgen (Sickmann *et al.*, 2003; Kambacheld *et al.*, 2005). Bei der Proteolyse von Innenmembranproteinen durch die *i*-AAA Protease können Peptide hingegen direkt im Intermembranraum entstehen und dann durch Porin oder den TOM-Komplex freigesetzt werden.

Wäre jedoch allein die Lokalisierung von Proteinen ausschlaggebend dafür, ob entsprechende Peptide im Überstand von Mitochondrien nachweisbar sind, hätten in der hier beschriebenen Analyse primär Peptide von Proteinen des Intermembranraums identifiziert werden müssen. Obwohl einige der am höchsten exprimierten mitochondrialen Proteine wie Cytochrom b_2 oder Ccp1 in diesem Kompartiment lokalisiert sind, wurden lediglich von dem Intermembranraumprotein Tim11 Peptide detektiert (Ohlmeier *et al.*, 2004). Der Nachweis von Peptiden korreliert generell nicht mit der Häufigkeit entsprechender Proteine; so konnten keine Peptide von Translationsprodukten der unter respiratorischen Bedingungen am höchsten transkribierten Gene *SDH2*, *ALD4*, *UTH1* und *ILV5* identifiziert werden (Ohlmeier *et al.*, 2004). Daher scheinen nicht die Lokalisierung oder die Proteinexpression, sondern eher Unterschiede der Proteinstabilität für den bevorzugten Nachweis von Proteolyseprodukten der Innenmembran verantwortlich zu sein. Wurden Proteine, deren Peptide identifiziert werden konnten, entsprechend der MitoP2-Datenbank (Andreoli *et al.*, 2004) in funktionelle Klassen eingeteilt und mit der Verteilung mitochondrialer Transkripte verglichen, zeigte sich, dass Proteine der Atmungskette überrepräsentiert sind; d. h., dass von mehr Proteinen dieser Klasse Peptide nachgewiesen werden konnten, als von der Anzahl entsprechender Transkripte zu erwarten gewesen wäre. Da Atmungskettenkomplexe in der mitochondrialen Innenmembran lokalisiert sind, steht dieser Befund im Einklang mit dem überwiegenden Nachweis von durch Proteolyse von Innenmembranproteinen generierten Peptiden.

Interessanterweise werden nach radioaktiver Markierung neu-synthetisierter Proteine von auf Lactat kultivierten Hefezellen etwa 12% der markierten mitochondrialen Proteine innerhalb einer halben Stunde abgebaut und entstehende Peptide und Aminosäuren freigesetzt (Augustin *et al.*, 2005). Dagegen werden in vergleichbaren Experimenten mit Mitochondrien aus Hefezellen, die auf fermentierbaren Kohlenstoffquellen kultiviert worden sind, lediglich 6% der neu-synthetisierten Proteine abgebaut (siehe 4.5). Wird die Stabilität des gesamten mitochondrialen Proteoms untersucht, werden bei Verwendung von Mitochondrien aus auf Lactat oder Galaktose gewachsenen Hefezellen nur 6% der mitochondrialen Proteine innerhalb von einer halben Stunde abgebaut. Diese Befunde weisen darauf hin, dass neu-synthetisierte Proteine nach ihrem Import in Mitochondrien eine geringere Stabilität aufweisen als bereits assemblierte Komponenten (Augustin *et al.*, 2005). Wachsen Hefezellen auf nicht-fermentierbaren Kohlenstoffquellen, ist die Anzahl von Transkripten, die für Komponenten der Atmungskette und des Citratzyklus kodieren, deutlich höher als bei fermentativem Wachstum; dagegen ändert sich die Expression anderer Gene nur geringfügig (Ohlmeier *et al.*, 2004). Daher ist es naheliegend, dass die Proteolyse von Untereinheiten der mitochondrialen Atmungskette für den verstärkten Abbau neu-synthetisierter Proteine unter respiratorischen Wachstumsbedingungen mitverantwortlich ist. Somit ist der überproportionale Nachweis von Peptiden, die von Proteinen der Innenmembran stammen, vermutlich teilweise auf die reduzierte Stabilität neu-synthetisierter Untereinheiten der Atmungskette zurückzuführen; tatsächlich sind sieben der zehn Proteine, von denen am meisten unterschiedliche Peptide identifiziert werden konnten, Untereinheiten der mitochondrialen Atmungskette. Diese Beobachtung ist konsistent mit einer geringen Stabilität von Proteinen der mitochondrialen Atmungskette.

Der vermehrte Abbau von Atmungskettenkomponenten könnte durch das Fehlen von Assemblierungspartnern und die Ineffizienz der Biogenese von Atmungskettenkomplexen bedingt sein. Viele nicht-assemblierte Untereinheiten der Atmungskette sind Substrate der mitochondrialen AAA-Proteasen (Nakai *et al.*, 1995; Pearce and Sherman, 1995; Arlt *et al.*, 1996; Guélin *et al.*, 1996).

4.7 Proteolyseprodukte aller mitochondrialen AAA^{+}-Proteasen werden freigesetzt

Bei der Analyse des mitochondrialen Peptidexports konnten Peptide aus allen mitochondrialen Subkompartimenten identifiziert werden. Deshalb sind vermutlich sowohl die AAA-Proteasen der mitochondrialen Innenmembran als auch die PIM1-Protease in der mitochondrialen Matrix an der Proteolyse von Proteinen, deren Peptide nachgewiesen werden konnten, beteiligt. Tatsächlich konnten Peptide von einigen bekannten Substraten dieser Proteasen identifiziert werden.

In Übereinstimmung mit früheren Analysen (Augustin, 2003) wurden Peptide des Enzyms Aconitase nachgewiesen, das in der mitochondrialen Matrix lokalisiert ist und vermutlich durch die PIM1-Protease abgebaut wird. In höheren Eukaryonten erfolgt der Abbau von oxidativ-geschädigter Aconitase durch die Lon-Protease, das Homolog der matrixlokalisierten PIM1-Protease (Bota *et al.*, 2002). Bei genauerer Untersuchung der in der vorliegenden Analyse identifizierten Peptide waren jedoch keine durch Oxidation verursachten Modifikationen erkennbar.

Die *m*-AAA-Protease erfüllt neben regulatorischen Funktionen auch eine wichtige Rolle bei der Qualitätskontrolle, indem sie zusammen mit der *i*-AAA-Protease fehlgefaltete oder nicht-assemblierte Proteine in der mitochondrialen Innenmembran abbaut. Von vier bereits bekannten Substraten der *m*-AAA-Protease konnten Peptide nachgewiesen werden. Dabei handelt es sich um die mitochondrial-kodierten Proteine Cox1, Cox3 und Cob, sowie das kernkodierte Atp7, die alle Untereinheiten der Atmungskette sind (Korbel *et al.*, 2004; Arlt *et al.*, 1996; Guélin *et al.*, 1996). Über Cox1, Cox2 und Cob ist bekannt, dass sie in isolierten Mitochondrien von der *m*-AAA-Protease abgebaut werden, wenn kernkodierte Assemblierungspartner fehlen.

Auch von Substraten der *i*-AAA-Protease wurden Peptide nachgewiesen. Durchschnittlich konnten 28 verschiedene Peptide von der Komplex-IV-Untereinheit Cox2 identifiziert werden, die in Abwesenheit kernkodierter Assemblierungspartner von der *i*-AAA-Protease abgebaut wird (Nakai *et al.*, 1995; Pearce and Sherman, 1995). Fehlte die Protease, war der Export von Cox2-Peptiden deutlich reduziert. Es konnten jedoch nach wie vor Peptide des Proteins nachgewiesen werden, was impliziert, dass Cox2 von anderen Proteasen abgebaut werden kann, wenn *YME1* deletiert ist. Interessanterweise konnten Peptide der membranständigen NADH-Dehydrogenase Nde1 nur in Analysen nachgewiesen werden, die mit Mitochondrien aus Wildtyp-Zellen durchgeführt wurden. Dagegen waren in Experimenten mit Mitochondrien ohne *i*-AAA-Protease keine Peptide von Nde1 detektierbar, was nahe legt, dass Nde1 ein Substrat der *i*-AAA-Protease ist. Die Stabilität von Nde1 wurde in Wildtyp-Zellen, in denen die Translation kernkodierter Proteine blockiert war, untersucht. Allerdings war der Abbau von Nde1 durch Western-Blot nicht nachweisbar. Vermutlich erfolgt der Abbau von endogenem Nde1 zu langsam, als dass er durch diese Methode detektierbar wäre. Wurde jedoch eine instabile Variante von Nde1 exprimiert, war deren Abbau von der Anwesenheit der *i*-AAA-Protease abhängig. Diese Befunde bestätigen, das Nde1 ein neues Substrat der *i*-AAA-Protease ist.

Von Nde1 und Cox2 wurden durchschnittlich mehr Peptide identifiziert als von anderen Proteinen. Warum so viele unterschiedliche Peptide diese Proteine nachgewiesen werden konnten ist unklar; möglicherweise sind mehrere Faktoren dafür verantwortlich: Beide Proteine haben große Domänen im Intermembranraum, sind unter respiratorischen Bedingungen relativ hoch exprimiert und werden als Untereinheiten der Atmungskette vermutlich verstärkt abgebaut (siehe auch 4.6).

Interessanterweise fällt bei der Untersuchung einzelner Peptide von Nde1 auf, dass sie überlappende Sequenzbereiche aufweisen. Peptide weiterer Proteine, die in der vorliegenden

Analyse identifiziert werden konnten, zeichnen sich durch vergleichbare Übereinstimmungen aus. Diese Beobachtung könnte durch eine degenerierte Substratspezifität der für den Proteinabbau verantwortlichen Proteasen bedingt sein. Andererseits ist es auch möglich, dass bei der Proteolyse entstehende Peptide teilweise amino- und carboxy-terminal durch Oligopeptidasen der mitochondrialen Matrix und des Intermembranraums prozessiert werden und dadurch die nachgewiesenen Peptide entstehen.

4.8 Abbau exportierter Peptide durch Oligopeptidasen des Intermembranraums

Um die Rolle von Oligopeptidasen des Intermembranraums bei der mitochondrialen Proteolyse aufzuklären, wurde der Einfluss der Metallopeptidasen Mop112 und Prd1 auf den Export von Proteolyseprodukten mitochondrialer Proteine untersucht. Die Tatsache, dass Δ*mop112*-Zellen einen signifikanten Wachstumsdefekt aufweisen, deutet darauf hin, dass Mop112 eine wichtige Funktion erfüllt, diese könnte mit dem mitochondrialen Peptidexport zusammenhängen (Kambacheld *et al.*, 2005).

In Analysen mit Mitochondrien, denen beide Enzyme fehlten, war der Peptidexport deutlich erhöht. Dagegen hatte die Deletion von *PRD1* oder *MOP112* allein keinen Effekt auf die Anzahl exportierter Peptide. Dieser Befund deutet darauf hin, dass die beiden Oligopeptidasen eine überlappende Substratspezifität besitzen. Einige der in Analysen mit Mitochondrien aus Δ*mop112*Δ*prd1*-Zellen identifizierten Peptide stammten von Proteinen, deren Proteolyseprodukte weder in Experimenten mit Wildtyp-Mitochondrien noch mit Mitochondrien, denen eine der Oligopeptidasen fehlte, nachweisbar waren. Dadurch konnten Peptide mehrerer Proteine aus der mitochondrialen Matrix und Innenmembran als spezifische Substrate der Oligopeptidasen identifiziert werden. In Übereinstimmung mit diesen Daten ist nach *in-vitro*-Translation in Mitochondrien, denen Mop112 und Prd1 fehlen, der Export von radioaktiv-markierten Peptiden mitochondrial-kodierter Matrix- und Innenmembranproteine erhöht (Kambacheld *et al.*, 2005). Interessanterweise sind Peptide, die beim proteolytischen Abbau mitochondrialer Lokalisierungssequenzen entstehen, ebenfalls Substrate von Prd1 und Mop112. Homologe von Mop112 und Prd1 in *Arabidopsis thaliana* und *Homo sapiens* sind ebenfalls am proteolytischen Abbau mitochondrialer Lokalisierungssequenzen beteiligt (Stahl *et al.*, 2002; Falkevall *et al.*, 2006). Unter den Substraten von Prd1 und Mop112 sind auch Peptide der Lokalisierungssequenz von MrpL32, das von der mitochondrialen *m*-AAA-Protease prozessiert wird (Nolden *et al.*, 2005). Welche Prozessierungspeptidasen oder Proteasen für den Abbau der übrigen Lokalisierungssequenzen, von denen Peptide identifiziert werden konnten, verantwortlich sind, ist bisher nicht bekannt.

4.9 Bedeutung des mitochondrialen Peptidexports

Grundsätzlich können Proteine in Mitochondrien vollständig bis auf die Aminosäureebene abgebaut werden (Desautels and Goldberg, 1982). Trotzdem werden, wie in dieser Arbeit dargestellt, viele Peptide, die in der mitochondrialen Matrix von *S. cerevisiae* entstehen, über die mitochondriale Innenmembran transportiert und aus Mitochondrien freigesetzt. Dieser Transport erfolgt vermutlich unter ATP-Verbrauch durch den ABC-Transporter Mdl1 (Young *et al.*, 2001). Daher ist es vorstellbar, dass der mitochondriale Peptidexport nicht nur der Beseitigung von Proteolyseprodukten dient, sondern auch eine physiologische Bedeutung hat.

Die nukleäre Genexpression kann durch eine Vielzahl von Signalwegen zwischen Mitochondrien und dem Zellkern den Bedürfnissen der Mitochondrien angepasst werden, die Beschaffenheit der Signale ist jedoch noch weitgehend unverstanden (Balzi and Goffeau, 1995; Zhao *et al.*, 2002; Guaragnella and Butow, 2003). Es wäre möglich, dass aus Mitochondrien exportierte Peptide eine Signalfunktion ausüben. Tatsächlich wurde im Nukleus von Säugetieren das Pβ-Peptid, das durch die Prozessierung des Amino-Terminus der mitochondrialen Rhomboid-Protease PARL entsteht, nachgewiesen (Sik *et al.*, 2004). Die physiologische Funktion dieses Peptids ist jedoch unklar. Bei der in höheren Eukaryonten beobachteten mitochondrialen „Unfolded Protein Response“ (UPR^{mt}), die durch Akkumulation entfalteter und fehlgefalteter Proteine in der mitochondrialen Matrix ausgelöst wird, scheint mitochondrialen Proteolyseprodukten eine Signalfunktion zuzukommen (Haynes *et al.*, 2007). So vermittelt in *C. elegans* die mitochondriale Clp-Protease die Aktivierung des UPR^{mt}-Signalwegs. In Hefe könnten Peptide ebenfalls als Stresssignal fungieren, bisher konnte in *S. cerevisiae* allerdings keine UPR^{mt} nachgewiesen werden. In höheren Eukaryonten spielt der mitochondriale Peptidexport darüber hinaus eine Rolle im Immunsystem. Mitochondriale Peptide werden zusammen mit MHC I-Molekülen auf der Zelloberfläche präsentiert (Fischer-Lindahl *et al.*, 1997). Peptide können vor der Assemblierung mit MHC I-Molekülen durch Aminopeptidasen im Lumen des ER prozessiert werden (Serwold *et al.*, 2001). Möglicherweise prozessieren die Oligopeptidasen des mitochondrialen Intermembranraums mitochondriale Peptide auf ähnliche Weise, um deren Bindung an cytoplasmatische Rezeptoren zu gewährleisten.

Für die Assemblierung von Atmungskettenkomplexen in der mitochondrialen Innenmembran, die aus mitochondrial- und kernkernkodierten Untereinheiten aufgebaut sind, ist es wahrscheinlich, dass eine Koordination der mitochondrialen und nukleären Genexpression stattfindet. Als Signal zwischen Mitochondrien und Zellkern könnten dabei Peptide von nicht-assemblierten mitochondrial-kodierten Untereinheiten der Atmungskette dienen. Tatsächlich waren Peptide von Proteinen der Atmungskette unter den durch Massenspektrometrie identifizierten Peptiden überrepräsentiert, was vermutlich durch einen erhöhten Abbau neu-synthetisierter Proteine der Atmungskette zustande kommt (siehe 4.6). Allerdings stammten die meisten Peptide von kernkodierten Untereinheiten der Atmungskette. Außerdem konnte ein breites Spektrum von Peptiden identifiziert werden, deren Funktion nicht mit der Atmungskette assoziiert ist. Diese

Befunde sprechen dagegen, dass dem mitochondrialen Peptidexport *per se* eine Signalfunktion zur Expression kernkodierter Atmungskettenuntereinheiten zukommt. Es wäre jedoch möglich, dass einzelne Peptide von spezifischen Rezeptoren im Cytoplasma erkannt werden.

Die Identifizierung von aus Mitochondrien freigesetzten Peptiden ermöglichte es, Erkenntnisse über die Stabilität des mitochondrialen Proteoms und das Substratspektrum mitochondrialer Proteasen und Oligopeptidasen zu gewinnen. Um die physiologische Funktion des mitochondrialen Peptidexports in *S. cerevisiae* zu klären, sind jedoch weitere Analysen notwendig. Unter Verwendung nachgewiesener Peptide könnte in zukünftigen Experimenten nach Interaktionspartnern gesucht werden. Dadurch könnten Signalwege aufgeklärt werden, in denen der mitochondriale Peptidexport eine Rolle spielt.

5 Zusammenfassung

ATP-abhängige Proteasen (AAA$^+$ Proteasen) nutzen die Energie aus der ATP-Hydrolyse, um Substratproteine zu entfalten und in eine proteolytische Kammer zu translozieren, in der der Abbau zu Peptiden erfolgen kann. In der mitochondrialen Innenmembran der Hefe *S. cerevisiae* sind zwei konservierte ATP-abhängige Proteasen lokalisiert, die homo-oligomere *i*-AAA-Protease und die hetero-oligomere *m*-AAA-Protease; letztere ist aus Yta10- und Yta12-Untereinheiten aufgebaut. Weder der katalytische Mechanismus der Untereinheiten noch ihre Stöchiometrie und Anordnung im *m*-AAA-Proteasekomplex waren zu Beginn dieser Arbeit bekannt.

Durch elektronenmikroskopische Analyse gelang es, die Struktur der *m*-AAA-Protease darzustellen. Dabei zeigte sich, dass die Protease ein Hexamer ist. Biochemische und genetische Daten deuten darauf hin, dass Yta10 und Yta12 im hexameren Komplex alternierend angeordnet sind. Eine umfassende Analyse von *m*-AAA-Proteasevarianten mit Mutationen in den ATPase-Domänen ermöglichte es, den ATP-Hydrolysezyklus und seine Bedeutung für die Substrattranslokation aufzuklären. Die *m*-AAA-Protease hydrolysiert ATP entsprechend einem semi-sequenziellen Mechanismus und gewährleistet dadurch die Substratprozessierung. Die Regulation des ATP-Hydrolysezyklus erfolgt durch ATP-Bindung an Yta12. Vermutlich wird die ATP-Hydrolyse weiterer hetero- und homo-oligomerer AAA$^+$-Proteine durch die Bindung von ATP reguliert und erfolgt entsprechend semi-sequenzieller oder sequenzieller Mechanismen, um eine effiziente Substratprozessierung zu ermöglichen. Um die Wirkungsweise der *m*-AAA-Protease bei der Prozessierung von Substraten eingehender zu untersuchen, wurde die Reifung der Cytochrom-*c*-Peroxidase (Ccp1) analysiert. Es konnte zum ersten Mal eine nicht-proteolytische Funktion der *m*-AAA-Protease nachgewiesen werden: Die *m*-AAA-Protease disloziert Ccp1 unter Energieverbrauch aus der mitochondrialen Innenmembran und ermöglicht dadurch die Prozessierung des Proteins durch die Rhomboid-Protease Pcp1. Ccp1 wird dabei wahrscheinlich durch die zentrale Pore der *m*-AAA-Protease transloziert.

Beim durch die *m*- und *i*-AAA-Protease vermittelten Proteinabbau entstehende Peptide werden aus dem Organell exportiert. Die Zusammensetzung freigesetzter Peptide wurde analysiert. Ein heterogenes Peptidgemisch, das Proteolyseprodukte aller ATP-abhängigen mitochondrialen Proteasen enthielt, konnte nachgewiesen werden. Peptide von Atmungskettenkomponenten waren überrepräsentiert, was für einen verstärkten Umsatz dieser Proteine spricht. Zusätzlich konnte eine Beteiligung der Oligopeptidasen Prd1 und Mop112 beim Abbau exportierter Peptide nachgewiesen werden.

Diese Befunde ermöglichen ein generelles Verständnis der Funktionsprinzipien von AAA$^+$-Proteinen und geben Einblick in die Stabilität des mitochondrialen Proteoms.

6 Literaturverzeichnis

Abrahams, J. P., Leslie, A. G., Lutter, R., and Walker, J. E. (1994). Structure at 2.8 A resolution of F1-ATPase from bovine heart mitochondria. Nature *370*, 621-628.

Akiyama, Y., Kihara, A., and Ito, K. (1996). Subunit a of proton ATPase F0 sector is a substrate of the FtsH protease in Escherichia coli. FEBS Lett *399*, 26-28.

Akiyama, Y., Yoshihisa, T., and Ito, K. (1995). FtsH, a membrane-bound ATPase, forms a complex in the cytoplasmic membrane of *Escherichia coli*. J Biol Chem *270*, 23485-23490.

Andreoli, C., Prokisch, H., Hortnagel, K., Mueller, J. C., Munsterkotter, M., Scharfe, C., and Meitinger, T. (2004). MitoP2, an integrated database on mitochondrial proteins in yeast and man. Nucleic Acids Res *32 Database issue*, D459-462.

Arlt, H., Tauer, R., Feldmann, H., Neupert, W., and Langer, T. (1996). The YTA10-12-complex, an AAA protease with chaperone-like activity in the inner membrane of mitochondria. Cell *85*, 875-885.

Arnold, I., Wagner-Ecker, M., Ansorge, W., and Langer, T. (2006). Evidence for a novel mitochondria-to-nucleus signalling pathway in respiring cells lacking *i*-AAA protease and the ABC-transporter Mdl1. Gene *367*, 74-88.

Atorino, L., Silvestri, L., Koppen, M., Cassina, L., Ballabio, A., Marconi, R., Langer, T., and Casari, G. (2003). Loss of *m*-AAA protease in mitochondria causes complex I deficiency and increased sensitivity to oxidative stress in hereditary spastic paraplegia. J Cell Biol *163*, 777-787.

Augustin, S. (2003). Charakterisierung des mitochondrialen Peptidexports aus *S. cerevisiae*. Diplomarbeit.

Augustin, S., Nolden, M., Müller, S., Hardt, O., Arnold, I., and Langer, T. (2005). Characterization of peptides released from mitochondria: evidence for constant proteolysis and peptide efflux. J Biol Chem *280*, 2691-2699.

Babst, M., Wendland, B., Estepa, E. J., and Emr, S. D. (1998). The Vps4p AAA ATPase regulates membrane association of a Vps protein complex required for normal endosome function. EMBO J *17*, 2982-2993.

Balzi, E., and Goffeau, A. (1995). Yeast multidrug resistance: the PDR network. J Bioenerg Biomembr *27*, 71-76.

Banfi, S., Bassi, M. T., Andolfi, G., Marchitiello, A., Zanotta, S., Ballabio, A., Casari, G., and Franco, B. (1999). Identification and characterization of AFG3L2, a novel paraplegin-related gene. Genomics *59*, 51-58.

Bieniossek, C., Schalch, T., Bumann, M., Meister, M., Meier, R., and Baumann, U. (2006). The molecular architecture of the metalloprotease FtsH. Proc Natl Acad Sci U S A *103*, 3066-3071.

Bochtler, M., Ditzel, L., Groll, M., Hartmann, C., and Huber, R. (1999). The proteasome. Annu Rev Biophys Biomol Struct *28*, 295-317.

Bochtler, M., Hartmann, C., Song, H. K., Bourenkov, G. P., Bartunik, H. D., and Huber, R. (2000). The structures of HslU and the ATP-dependent protease HslU-HslV. Nature *403*, 800-805.

Bota, D. A., and Davies, K. J. (2002). Lon protease preferentially degrades oxidized mitochondrial aconitase by an ATP-stimulated mechanism. Nat Cell Biol *4*, 674-680.

Bota, D. A., Van Remmen, H., and Davies, K. J. (2002). Modulation of Lon protease activity and aconitase turnover during aging and oxidative stress. FEBS Lett *532*, 103-106.

Boyer, P. D. (1993). The binding change mechanism for ATP synthase--some probabilities and possibilities. Biochim Biophys Acta *1140*, 215-250.

Briggs, L. C., Baldwin, G. S., Miyata, N., Kondo, H., Zhang, X., and Freemont, P. S. (2008). Analysis of nucleotide binding to p97 reveals the properties of a tandem AAA hexameric ATPase. J Biol Chem.

Brunger, A. T., and DeLaBarre, B. (2003). NSF and p97/VCP: similar at first, different at last. FEBS Lett *555*, 126-133.

Brunner, M., Klaus, C., and Neupert, W. (1994). The mitochondrial processing peptidase. (Austin: R.G. Landes Comp.).

Büchler, M., Tisljar, U., and Wolf, D. H. (1994). Proteinase yscD (oligopeptidase yscD). Structure, function and relationship of the yeast enzyme with mammalian thimet oligopeptidase (metalloendopeptidase, EP 24.15). Eur J Biochem *219*, 627-639.

Butcher, G. W., and Young, L. L. (2000). Mitochondrially encoded minor histocompatibility antigens. (Georgetown, Texas: Landes Bioscience).

Campbell, C. L., Tanaka, N., White, K. H., and Thorsness, P. E. (1994). Mitochondrial morphological and functional defects in yeast caused by *yme1* are suppressed by mutation of a 26S protease subunit homologue. Mol Biol Cell *5*, 899-905.

Carlson, E. J., Pitonzo, D., and Skach, W. R. (2006). p97 functions as an auxiliary factor to facilitate TM domain extraction during CFTR ER-associated degradation. EMBO J *25*, 4557-4566.

Casari, G., De-Fusco, M., Ciarmatori, S., Zeviani, M., Mora, M., Fernandez, P., DeMichele, G., Filla, A., Cocozza, S., Marconi, R., *et al.* (1998). Spastic paraplegia and OXPHOS impairment caused by mutations in paraplegin, a nuclear-encoded mitochondrial metalloprotease. Cell *93*, 973-983.

Cheng, X., Kanki, T., Fukuoh, A., Ohgaki, K., Takeya, R., Aoki, Y., Hamasaki, N., and Kang, D. (2005). PDIP38 Associates with Proteins Constituting the Mitochondrial DNA Nucleoid. J Biochem (Tokyo) *138*, 673-678.

Chiba, S., Akiyama, Y., Mori, H., Matsuo, E., and Ito, K. (2000). Length recognition at the N-terminal tail for the initiation of FtsH-mediated proteolysis. EMBO Rep *1*, 47-52.

Cipolat, S., Rudka, T., Hartmann, D., Costa, V., Serneels, L., Craessaerts, K., Metzger, K., Frezza, C., Annaert, W., D'Adamio, L., *et al.* (2006). Mitochondrial rhomboid PARL regulates cytochrome c release during apoptosis via OPA1-dependent cristae remodeling. Cell *126*, 163-175.

Coppola, M., Pizzigoni, A., Banfi, S., Casari, G., Bassi, M. T., and Incerti, B. (2000). Identification and characterization of YME1L1, a novel paraplegin related gene. Genomics *66*, 48-54.

Corydon, T. J., Bross, P., Holst, H. U., Neve, S., Kristiansen, K., Gregersen, N., and Bolund, L. (1998). A human homologue of *Escherichia coli* ClpP caseinolytic protease: recombinant expression, intracellular processing and subcellular localization. Biochem J *331*, 309-316.

Costa, A., Pape, T., van Heel, M., Brick, P., Patwardhan, A., and Onesti, S. (2006). Structural studies of the archaeal MCM complex in different functional states. J Struct Biol *156*, 210-219.

Dalal, S., Rosser, M. F., Cyr, D. M., and Hanson, P. I. (2004). Distinct roles for the AAA ATPases NSF and p97 in the secretory pathway. Mol Biol Cell *15*, 637-648.

Desautels, M., and Goldberg, A. L. (1982). Demonstration of an ATP-dependent, vanadate-sensitive endoprotease in the matrix of rat liver mitochondria. J Biol Chem *257*, 11673-11679.

Desautels, M., and Goldberg, A. L. (1982). Liver mitochondria contain an ATP-dependent, vanadate-sensitive pathway for the degradation of proteins. Proc Natl Acad Sci USA *79*, 1869-1873.

Dunn, C. D., Lee, M. S., Spencer, F. A., and Jensen, R. E. (2006). A genomewide screen for petite-negative yeast strains yields a new subunit of the *i*-AAA protease complex. Mol Biol Cell *17*, 213-226.

Epstein, C. B., Waddle, J. A., Hale, W., Davé, V., Thornton, J., Macatee, T. L., Garner, H. R., and Butow, R. A. (2001). Genome-wide responses to mitochondrial dysfunction. Mol Biol Cell *12*, 297-308.

Enemark, E., Leemor, J.-T. (2006). Mechanism of DNA translocation in a replicative hexameric helicase. Nature 442, 270-5

Erzberger, J. P., and Berger, J. M. (2006). Evolutionary relationships and structural mechanisms of AAA+ proteins. Annu Rev Biophys Biomol Struct *35*, 93-114.

Erzberger, J. P., Mott, M. L., and Berger, J. M. (2006). Structural basis for ATP-dependent DnaA assembly and replication-origin remodeling. Nat Struct Mol Biol *13*, 676-683.

Esser, K., Tursun, B., Ingenhoven, M., Michaelis, G., and Pratje, E. (2002). A novel two-step mechanism for removal of a mitochondrial signal sequence involves the *m*-AAA complex and the putative rhomboid protease Pcp1. J Mol Biol *323*, 835-843.

Falkevall, A., Alikhani, N., Bhushan, S., Pavlov, P. F., Busch, K., Johnson, K. A., Eneqvist, T., Tjernberg, L., Ankarcrona, M., and Glaser, E. (2006). Degradation of the amyloid beta-protein by the novel mitochondrial peptidasome, PreP. J Biol Chem *281*, 29096-29104.

Farrell, C. M., Baker, T. A., and Sauer, R. T. (2007). Altered specificity of a AAA+ protease. Mol Cell *25*, 161-166.

Farrell, C. M., Grossman, A. D., and Sauer, R. T. (2005). Cytoplasmic degradation of ssrA-tagged proteins. Mol Microbiol *57*, 1750-1761.

Fink, J. K. (2003). Advances in the hereditary spastic paraplegias. Exp Neurol *184 Suppl 1*, S106-110.

Fischer-Lindahl, K., Byers, D. E., Dabhi, V. M., Hovik, R., Jones, E. P., Smith, G. P., Wang, C. R., Xiao, H., and Yoshino, M. (1997). H2-M3, a full-service class Ib histocompatibility antigen. Annu Rev Immunol *15*, 851-879.

Flynn, J. M., Neher, S. B., Kim, Y. I., Sauer, R. T., and Baker, T. A. (2003). Proteomic discovery of cellular substrates of the ClpXP protease reveals five classes of ClpX-recognition signals. Mol Cell *11*, 671-683.

Foury, F., Roganti, T., Lecrenier, N., and Purnelle, B. (1998). The complete sequence of the mitochondrial genome of *Saccharomyces cerevisiae*. FEBS Lett *440*, 325-331.

Freeman, M. (2004). Proteolysis within the membrane: rhomboids revealed. Nat Rev Mol Cell Biol *5*, 188-197.

Gaczynska, M., Rock, K.L., and Goldberg, A.L. (1993). Role of proteasomes in antigen presentation. Enzyme Protein 47, 354-369.

Gai, D., Zhao, R., Li, D., Finkielstein, C. V., and Chen, X. S. (2004). Mechanisms of conformational change for a replicative hexameric helicase of SV40 large tumor antigen. Cell *119*, 47-60.

Gakh, O., Cavadini, P., and Isaya, G. (2002). Mitochondrial processing peptidases. Biochim Biophys Acta *1592*, 63-77.

Gietz, R. D., Schiestl, R. H., Willems, A. R., and Woods, R. A. (1995). Studies on the transformation of intact yeast cells by the LiAc/SS-DNA/PEG procedure. Yeast *11*, 355-360.

Graef, M., and Langer, T. (2006). Substrate specific consequences of central pore mutations in the *i*-AAA protease Yme1 on substrate engagement. J Struct Biol *151*, 101-108.

Graef, M., Seewald, G., and Langer, T. (2007). Substrate recognition by AAA^+ ATPases: Distinct substrate binding modes in the ATP-dependent protease Yme1 of the mitochondrial intermembrane space. Mol Cell Biol *in press*.

Gronostajski, R. M., Pardee, A. B., and Goldberg, A. L. (1985). The ATP dependence of the degradation of short- and long-lived proteins in growing fibroblasts. J Biol Chem *260*, 3344-3349.

Gu, Y., Wang, C., Roifman, C. M., and Cohen, A. (2003). Role of MHC class I in immune surveillance of mitochondrial DNA integrity. J Immunol *170*, 3603-3607.

Guaragnella, N., and Butow, R. A. (2003). ATO3 encoding a putative outward ammonium transporter is an RTG-independent retrograde responsive gene regulated by GCN4 and the Ssy1-Ptr3-Ssy5 amino acid sensor system. J Biol Chem *278*, 45882-45887.

Guélin, E., Rep, M., and Grivell, L. A. (1996). Afg3p, a mitochondrial ATP-dependent metalloprotease, is involved in the degradation of mitochondrially-encoded Cox1, Cox3, Cob, Su6, Su8 and Su9 subunits of the inner membrane complexes III, IV and V. FEBS Lett *381*, 42-46.

Hallstrom, T. C., and Moye-Rowley, S. W. (2000). Mulitple signals from dysfunctional mitochondria activate the pleiotropic resistance pathway in *Saccharomyces cerevisiae*. J Biol Chem *275*, 37347-37356.

Halperin, T., Zheng, B., Itzhaki, H., Clarke, A. K., and Adam, Z. (2001). Plant mitochondria contain proteolytic and regulatory subunits of the ATP-dependent Clp protease. Plant Mol Biol *45*, 461-468.

Hanson, P. I., and Whiteheart, S. W. (2005). AAA+ proteins: have engine, will work. Nat Rev Mol Cell Biol *6*, 519-529.

Hattendorf, D. A., and Lindquist, S. L. (2002). Analysis of the AAA sensor-2 motif in the C-terminal ATPase domain of Hsp104 with a site-specific fluorescent probe of nucleotide binding. Proc Natl Acad Sci U S A *99*, 2732-2737.

Hattendorf, D. A., and Lindquist, S. L. (2002). Cooperative kinetics of both Hsp104 ATPase domains and interdomain communication revealed by AAA sensor-1 mutants. Embo J *21*, 12-21.

Haynes, C. M., Petrova, K., Benedetti, C., Yang, Y., and Ron, D. (2007). ClpP mediates activation of a mitochondrial unfolded protein response in C. elegans. Dev Cell *13*, 467-480.

Herlan, M., Vogel, F., Bornhövd, C., Neupert, W., and Reichert, A. S. (2003). Processing of Mgm1 by the rhomboid-type protease Pcp1 is required for maintenance of mitochondrial morphology and of mitochondrial DNA. J Biol Chem *278*, 27781-27788.

Herman, C., Prakash, S., Lu, C. Z., Matouschek, A., and Gross, C. A. (2003). Lack of a robust unfoldase activity confers a unique level of substrate specificity to the universal AAA protease FtsH. Mol Cell *11*, 659-669.

Herrmann, J. M., Koll, H., Cook, R. A., Neupert, W., and Stuart, R. A. (1995). Topogenesis of cytochrome oxidase subunit II. Mechanisms of protein export from the mitochondrial matrix. J Biol Chem *270*, 27079-27086.

Hersch, G. L., Burton, R. E., Bolon, D. N., Baker, T. A., and Sauer, R. T. (2005). Asymmetric interactions of ATP with the AAA+ ClpX6 unfoldase: allosteric control of a protein machine. Cell *121*, 1017-1027.

Hinnerwisch, J., Fenton, W. A., Furtak, K. J., Farr, G. W., and Horwich, A. L. (2005). Loops in the central channel of ClpA chaperone mediate protein binding, unfolding, and translocation. Cell *121*, 1029-1041.

Hishida, T., Han, Y. W., Fujimoto, S., Iwasaki, H., and Shinagawa, H. (2004). Direct evidence that a conserved arginine in RuvB AAA+ ATPase acts as an allosteric effector for the ATPase activity of the adjacent subunit in a hexamer. Proc Natl Acad Sci U S A *101*, 9573-9577.

Hoffman, C. S., and Winston, F. (1987). A ten-minute DNA preparation from yeast efficiently releases autonomous plasmids for transformation of Escherichia coli. Gene *57*, 267-272.

Horwitz, A. A., Navon, A., Groll, M., Smith, D. M., Reis, C., and Goldberg, A. L. (2007). ATP-induced structural transitions in PAN, the proteasome-regulatory ATPase complex in Archaea. J Biol Chem *282*, 22921-22929.

Isaya, G., Kalousek, F., Fenton, W. A., and Rosenberg, L. E. (1991). Cleavage of precursors by the mitochondrial processing peptidase requires a compatible mature protein or an intermediate octapeptide. J Cell Biol *113*, 65-76.

Ishikawa, T., Beuron, F., Kessel, M., Wickner, S., Maurizi, M. R., and Steven, A. C. (2001). Translocation pathway of protein substrates in ClpAP protease. Proc Natl Acad Sci U S A *98*, 4328-4333.

Ito, K., and Akiyama, Y. (2005). Cellular functions, mechanism of action, and regulation of FtsH protease. Annu Rev Microbiol *59*, 211-231.

Iyer, L. M., Leipe, D. D., Koonin, E. V., and Aravind, L. (2004). Evolutionary history and higher order classification of AAA+ ATPases. J Struct Biol *146*, 11-31.

Johnson, A., and O'Donnell, M. (2003). Ordered ATP hydrolysis in the gamma complex clamp loader AAA+ machine. J Biol Chem *278*, 14406-14413.

Joshi, B., Ko, D., Ordonez-Ercan, D., and Chellappan, S. P. (2003). A putative coiled-coil domain of prohibitin is sufficient to repress E2F1-mediated transcription and induce apoptosis. Biochem Biophys Res Commun *312*, 459-466.

Juhola, M. K., Shah, Z. H., Grivell, L. A., and Jacobs, H. T. (2000). The mitochondrial inner membrane AAA metalloprotease family in metazoans. FEBS Lett *481*, 91-95.

Kambacheld, M., Augustin, S., Tatsuta, T., Muller, S., and Langer, T. (2005). Role of the novel metallopeptidase Mop112 and saccharolysin for the complete degradation of proteins residing in different subcompartments of mitochondria. J Biol Chem *280*, 20132-20139.

Kambacheld, M., Augustin, S., Tatsuta, T., Müller, S., and Langer, T. (2005). Role of the novel metallopeptidase MOP112 and saccharolysin for the complete degradation of proteins residing in different subcompartments of mitochondria. J Biol Chem *280*, 20132-20139.

Kang, S. G., Ortega, J., Singh, S. K., Wang, N., Huang, N. N., Steven, A. C., and Maurizi, M. R. (2002). Functional proteolytic complexes of the human mitochondrial ATP-dependent protease, hClpXP. J Biol Chem *277*, 21095-21102.

Karata, K., Inagawa, T., Wilkinson, A. J., Tatsuta, T., and Ogura, T. (1999). Dissecting the role of a conserved motif (the second region of homology) in the AAA family of ATPases. Site-directed mutagenesis of the ATP-dependent protease FtsH. J Biol Chem *274*, 26225-26232.

Keiler, K. C., Waller, P. R., and Sauer, R. T. (1996). Role of a peptide tagging system in degradation of proteins synthesized from damaged messenger RNA. Science *271*, 990-993.

Kihara, A., Akiyama, Y., and Ito, K. (1996). A protease complex in the *Escherichia coli* plasma membrane: HflKC (HflA) forms a complex with FtsH (HflB), regulating its proteolytic activity against SecY. EMBO J *15*, 6122-6131.

Kihara, A., Akiyama, Y., and Ito, K. (1998). Different pathways for degradation by the FtsH/HflKC membrane-embeded protease complex: an implication from the interference by a mutant of a new substrate protein, YccA. J Mol Biol 279, 175-188.

Kihara, A., Akiyama, Y., and Ito, K. (1999). Dislocation of membrane proteins in FtsH-mediated proteolysis. EMBO J *18*, 2970-2981.

Kim, D. Y., and Kim, K. K. (2003). Crystal structure of ClpX molecular chaperone from Helicobacter pylori. J Biol Chem *278*, 50664-50670.

Kim, Y. I., Burton, R. E., Burton, B. M., Sauer, R. T., and Baker, T. A. (2000). Dynamics of substrate denaturation and translocation by the ClpXP degradation machine. Mol Cell *5*, 639-648.

Koga, N., and Takada, S. (2006). Folding-based molecular simulations reveal mechanisms of the rotary motor F1-ATPase. Proc Natl Acad Sci U S A *103*, 5367-5372.

Koppen, M., Metodiev, M. D., Casari, G., Rugarli, E. I., and Langer, T. (2007). Variable and Tissue-Specific Subunit Composition of Mitochondrial *m*-AAA Protease Complexes Linked to Hereditary Spastic Paraplegia. Mol Cell Biol *27*, 758-767.

Korbel, D., Wurth, S., Käser, M., and Langer, T. (2004). Membrane protein turnover by the *m*-AAA protease in mitochondria depends on the transmembrane domains of its subunits. EMBO Rep *5*, 698-703.

Kremmidiotis, G., Gardner, A. E., Settasatian, C., Savoia, A., Sutherland, G. R., and Callen, D. F. (2001). Molecular and functional analyses of the human and mouse genes encoding AFG3L1, a mitochondrial metalloprotease homologous to the human spastic paraplegia protein. Genomics *76*, 58-65.

Krzywda, S., Brzozowski, A. M., Verma, C., Karata, K., Ogura, T., and Wilkinson, A. J. (2002). The crystal structure of the AAA domain of the ATP-dependent protease FtsH of *Escherichia coli* at 1.5A resolution. Structure *10*, 1073-1083.

Kumar, A., Agarwal, S., Heyman, J. A., Matson, S., Heidtman, M., Piccirillo, S., Umansky, L., Drawid, A., Jansen, R., Liu, Y., *et al.* (2002). Subcellular localization of the yeast proteome. Genes Dev *16*, 707-719.

Kutejová, E., Durcová, G., Surovková, E., and Kuzela, S. (1993). Yeast mitochondrial ATP-dependent protease: purification and comparison with the homologous rat enzyme and the bacterial ATP-dependent protease La. FEBS Lett *329*, 47-50.

Laemmli, U. K., Beguin, F., and Gujer-Kellenberger, G. (1970). A factor preventing the major head protein of bacteriophage T4 from random aggregation. J Mol Biol *47*, 69-85.

Langer, T. (2000). AAA proteases - cellular machines for degrading membrane proteins. Trends Biochem Sci *25*, 207-256.

Lankat-Buttgereit, B., and Tampé, R. (1999). The transporter associated with antigen processing TAP: structure and function. FEBS Lett *464*, 108-112.

Lee, S. Y., De La Torre, A., Yan, D., Kustu, S., Nixon, B. T., and Wemmer, D. E. (2003). Regulation of the transcriptional activator NtrC1: structural studies of the regulatory and AAA+ ATPase domains. Genes Dev *17*, 2552-2563.

Leipe, D. D., Koonin, E. V., and Aravind, L. (2003). Evolution and classification of P-loop kinases and related proteins. J Mol Biol *333*, 781-815.

Leipe, D. D., Koonin, E. V., and Aravind, L. (2004). STAND, a class of P-loop NTPases including animal and plant regulators of programmed cell death: multiple, complex domain architectures, unusual phyletic patterns, and evolution by horizontal gene transfer. J Mol Biol *343*, 1-28.

Lemaire, C., Hamel, P., Velours, J., and Dujardin, G. (2000). Absence of the mitochondrial AAA protease Yme1p restores F_O-ATPase subunit accumulation in an *oxa1* deletion mutant of *Saccharomyces cerevisiae*. J Biol Chem *275*, 23471-23475.

Lenzen, C. U., Steinmann, D., Whiteheart, S. W., and Weis, W. I. (1998). Crystal structure of the hexamerization domain of N-ethylmaleimide-sensitive fusion protein. Cell *94*, 525-536.

Leonhard, K., Guiard, B., Pellechia, G., Tzagoloff, A., Neupert, W., and Langer, T. (2000). Membrane protein degradation by AAA proteases in mitochondria: extraction of substrates from either membrane surface. Mol Cell *5*, 629-638.

Leonhard, K., Herrmann, J. M., Stuart, R. A., Mannhaupt, G., Neupert, W., and Langer, T. (1996). AAA proteases with catalytic sites on opposite membrane surfaces comprise a proteolytic system for the ATP-dependent degradation of inner membrane proteins in mitochondria. EMBO J *15*, 4218-4229.

Lill, R., Dowhan, W., and Wickner, W. (1990). The ATPase activity of SecA is regulated by acidic phospholipids, SecY, and the leader and mature domains of precursor proteins. Cell *60*, 271-280.

Liu, T., Lu, B., Lee, I., Ondrovicova, G., Kutejova, E., and Suzuki, C. K. (2004). DNA and RNA binding by the mitochondrial lon protease is regulated by nucleotide and protein substrate. J Biol Chem *279*, 13902-13910.

Liu, Z., and Butow, R. A. (1999). A transcriptional switch in the expression of yeast tricarboxylic acid cycle genes in response to a reduction or loss of respiratory function. Mol Cell Biol *19*, 6720-6728.

Longtine, M. S., McKenzie, A., 3rd, Demarini, D. J., Shah, N. G., Wach, A., Brachat, A., Philippsen, P., and Pringle, J. R. (1998). Additional modules for versatile and economical PCR-based gene deletion and modification in *Saccharomyces cerevisiae*. Yeast *14*, 953-961.

Lum, R., Tkach, J. M., Vierling, E., and Glover, J. R. (2004). Evidence for an Unfolding/Threading Mechanism for Protein Disaggregation by Saccharomyces cerevisiae Hsp104. J Biol Chem *279*, 29139-29146.

Lupas, A. N., and Martin, J. (2002). AAA proteins. Curr Opin Struct Biol *12*, 746-753.

Maltecca, F., Aghaie, A., Schroeder, D. G., Cassina, L., Taylor, B. A., Phillips, S. J., Malaguti, M., Previtali, S., Guenet, J. L., Quattrini, A., *et al.* (2008). The mitochondrial protease AFG3L2 is essential for axonal development. J Neurosci *28*, 2827-2836.

Martin, A., Baker, T. A., and Sauer, R. T. (2005). Rebuilt AAA + motors reveal operating principles for ATP-fuelled machines. Nature *437*, 1115-1120.

Martin, A., Baker, T. A., and Sauer, R. T. (2007). Distinct static and dynamic interactions control ATPase-peptidase communication in a AAA+ protease. Mol Cell *27*, 41-52.

Martin, A., Baker, T. A., and Sauer, R. T. (2008). Diverse pore loops of the AAA+ ClpX machine mediate unassisted and adaptor-dependent recognition of ssrA-tagged substrates. Mol Cell *29*, 441-450.

Martinus, R. D., Garth, G. P., Webster, T. L., Cartwright, P., Naylor, D. J., Hoj, P. B., and Hoogenraad, N. J. (1996). Selective induction of mitochondrial chaperones in response to loss of the mitochondrial genome. Eur J Biochem *240*, 98-103.

Matveeva, E. A., He, P., and Whiteheart, S. W. (1997). N-Ethylmaleimide-sensitive fusion protein contains high and low affinity ATP-binding sites that are functionally distinct. J Biol Chem *272*, 26413-26418.

Matveeva, E. A., May, A. P., He, P., and Whiteheart, S. W. (2002). Uncoupling the ATPase activity of the N-ethylmaleimide sensitive factor (NSF) from 20S complex disassembly. Biochemistry *41*, 530-536.

McBride, H. M., Neuspiel, M., and Wasiak, S. (2006). Mitochondria: more than just a powerhouse. Curr Biol *16*, R551-560.

Meisinger, C., Sommer, T., and Pfanner, N. (2000). Purification of Saccharomcyes cerevisiae mitochondria devoid of microsomal and cytosolic contaminations. Anal Biochem *287*, 339-342.

Messer, W. (2002). The bacterial replication initiator DnaA. DnaA and oriC, the bacterial mode to initiate DNA replication. FEMS Microbiol Rev *26*, 355-374.

Mootha, V. K., Bunkenborg, J., Olsen, J. V., Hjerrild, M., Wisniewski, J. R., Stahl, E., Bolouri, M. S., Ray, H. N., Sihag, S., Kamal, M., *et al.* (2003). Integrated analysis of protein composition, tissue diversity, and gene regulation in mouse mitochondria. Cell *115*, 629-640.

Moreau, M. J., McGeoch, A. T., Lowe, A. R., Itzhaki, L. S., and Bell, S. D. (2007). ATPase site architecture and helicase mechanism of an archaeal MCM. Mol Cell *28*, 304-314.

Nakai, T., Mera, Y., Yasuhara, T., and Ohashi, A. (1994). Divalent metal ion-dependent mitochondrial degradation of unassembled subunits 2 and 3 of cytochrome c oxidase. J Biochem (Tokyo) *116*, 752-758.

Nakai, T., Yasuhara, T., Fujiki, Y., and Ohashi, A. (1995). Multiple genes, including a member of the AAA family, are essential for the degradation of unassembled subunit 2 of cytochrome *c* oxidase in yeast mitochondria. Mol Cell Biol *15*, 4441-4452.

Neuhoff, V., Stamm, R., Pardowitz, I., Arold, N., Ehrhardt, W., and Taube, D. (1990). Essential problems in quantification of proteins following colloidal staining with coomassie brilliant blue dyes in polyacrylamide gels, and their solution. Electrophoresis *11*, 101-117.

Nishii, W., and Takahashi, K. (2003). Determination of the cleavage sites in SulA, a cell division inhibitor, by the ATP-dependent HslVU protease from Escherichia coli. FEBS Lett *553*, 351-354.

Niwa, H., Tsuchiya, D., Makyio, H., Yoshida, M., and Morikawa, K. (2002). Hexameric ring structure of the ATPase domain of the membrane-integrated metalloprotease FtsH from *Thermus thermophilus* HB8. Structure (Camb) *10*, 1415-1423.

Nolden, M., Ehses, S., Koppen, M., Bernacchia, A., Rugarli, E. I., and Langer, T. (2005). The *m*-AAA protease defective in hereditary spastic paraplegia controls ribosome assembly in mitochondria. Cell *123*, 277-289.

Nunnari, J., Fox, T. D., and Walter, P. (1993). A mitochondrial protease with two catalytic subunits of nonoverlapping specificities. Science *262*, 1997-2004.

Ogura, T., Inoue, K., Tatsuta, T., Suzaki, T., Karata, K., Young, K., Su, L.-H., Fierke, C. A., Jackman, J. E., Raetz, C. R. H., *et al.* (1999). Balanced biosynthesis of major membrane components through regulated degradation of the committed enzyme of lipid A biosynthesis by the AAA protease FtsH (HflB) in *Escherichia coli.* Mol Microbiol *31*, 833-844.

Ogura, T., Whiteheart, S. W., and Wilkinson, A. J. (2004). Conserved arginine residues implicated in ATP hydrolysis, nucleotide-sensing, and inter-subunit interactions in AAA and AAA+ ATPases. J Struct Biol *146*, 106-112.
Ogura, T., and Wilkinson, A. J. (2001). AAA+ superfamily of ATPases: common structure-diverse function. Genes to Cells *6*, 575-597.

Ohlmeier, S., Kastaniotis, A. J., Hiltunen, J. K., and Bergmann, U. (2004). The yeast mitochondrial proteome, a study of fermentative and respiratory growth. J Biol Chem *279*, 3956-3979.

Okuno, T., Yamanaka, K., and Ogura, T. (2006). Characterization of mutants of the Escherichia coli AAA protease, FtsH, carrying a mutation in the central pore region. J Struct Biol.

Ortega, J., Lee, H. S., Maurizi, M. R., and Steven, A. C. (2004). ClpA and ClpX ATPases bind simultaneously to opposite ends of ClpP peptidase to form active hybrid complexes. J Struct Biol *146*, 217-226.

Osman, C., Wilmes, C., Tatsuta, T., and Langer, T. (2007). Prohibitins Interact Genetically with Atp23, a Novel Processing Peptidase and Chaperone for the F_1F_O-ATP Synthase. Mol Biol Cell *18*, 627-635.

Park, E., Rho, Y. M., Koh, O. J., Ahn, S. W., Seong, I. S., Song, J. J., Bang, O., Seol, J. H., Wang, J., Eom, S. H., and Chung, C. H. (2005). Role of the GYVG pore motif of HslU ATPase in protein unfolding and translocation for degradation by HslV peptidase. J Biol Chem *280*, 22892-22898.

Pearce, D. A., and Sherman, F. (1995). Degradation of cytochrome oxidase subunits in mutants of yeast lacking cytochrome *c* and suppression of the degradation by mutation of *yme1.* J Biol Chem *270*, 1-4.

Pellegrini, L., and Scorrano, L. (2007). A cut short to death: Parl and Opa1 in the regulation of mitochondrial morphology and apoptosis. Cell Death Differ *14*, 1275-1284.

Pfanner, N., and Geissler, A. (2001). Versatility of the mitochondrial protein import machinery. Nat Rev Mol Cell 2, 339-349.

Pratje, E., Esser, K., and Michaelis, G. (1994). The mitochondrial inner membrane peptidase. (Austin: R.G. Landes Comp.).

Pratje, E., Mannhaupt, G., Michaelis, G., and Beyreuther, K. (1983). A nuclear mutation prevents processing of a mitochondrially encoded membrane protein in *Saccharomyces cerevisiae*. EMBO J *2*, 1049-1054.

Rainey, R. N., Glavin, J. D., Chen, H. W., French, S. W., Teitell, M. A., and Koehler, C. M. (2006). A New Function in Translocation for the Mitochondrial *i*-AAA Protease Yme1: Import of Polynucleotide Phosphorylase into the Intermembrane Space. Mol Cell Biol *26*, 8488-8497.

Rawlings, N. D., and Barrett, A. J. (1995). Evolutionary families of metallopeptidases. Methods Enzymol *248*, 183-228.

Rothstein, R. J., and Sherman, F. (1980). Genes affecting the expression of cytochrome c in yeast: genetic mapping and genetic interactions. Genetics *94*, 871-889.

Rugarli, E. I., and Langer, T. (2006). Translating *m*-AAA protease function in mitochondria to hereditary spastic paraplegia. Trends Mol Med *12*, 262-269.

Sambrook, J., and Russell, D. (2001). Molecular Cloning: A Laboratory Manual (Cold Spring Harbor, NY: Cold Spring Harbor Laboratory Press).

Santagata, S., Bhattacharyya, D., Wang, F. H., Singha, N., Hodthsev, A., and Spanopoulou, E. (1999). Molecular cloning and characterization of a mouse homolog of bacterial ClpX, a novel mammalian class II member of the Hsp100/Clp chaperone family. J Biol Chem *274*, 16311-16319.

Saraste, M., Sibbald, P. R., and Wittinghofer, A. (1990). The P-loop - a common motif in ATP- and GTP-binding proteins. Trends Biochem Sci *15*, 430-434.

Sauer, R. T., Bolon, D. N., Burton, B. M., Burton, R. E., Flynn, J. M., Grant, R. A., Hersch, G. L., Joshi, S. A., Kenniston, J. A., Levchenko, I., *et al.* (2004). Sculpting the proteome with AAA(+) proteases and disassembly machines. Cell *119*, 9-18.

Schirmer, E. C., Ware, D. M., Queitsch, C., Kowal, A. S., and Lindquist, S. L. (2001). Subunit interactions influence the biochemical and biological properties of Hsp104. Proc Natl Acad Sci U S A *98*, 914-919.

Schlee, S., Beinker, P., Akhrymuk, A., and Reinstein, J. (2004). A chaperone network for the resolubilization of protein aggregates: direct interaction of ClpB and DnaK. J Mol Biol *336*, 275-285.

Schlieker, C., Weibezahn, J., Patzelt, H., Tessarz, P., Strub, C., Zeth, K., Erbse, A., Schneider-Mergener, J., Chin, J. W., Schultz, P. G., *et al.* (2004). Substrate recognition by the AAA+ chaperone ClpB. Nat Struct Mol Biol *11*, 607-615.

Sekito, T., Thornton, J., and Butow, R. A. (2000). Mitochondria-to-nucleus signaling is regulated by the subcellular localization of the transcription factors Rtg1p and Rtg3p. Mol Biol Cell *11*, 2103-2115.

Serwold, T., Gaw, S., and Shastri, N. (2001). ER aminopeptidases generate a unique pool of peptides for MHC class I molecules. Nat Immunol *2*, 644-651.

Sesaki, H., Southard, S. M., Yaffe, M. P., and Jensen, R. E. (2003). Mgm1p, a dynamin-related GTPase, is essential for fusion of the mitochondrial outer membrane. Mol Biol Cell *14*, 2342-2356.

Shah, Z. H., Hakkaart, G. A. J., Arku, B., DeJong, L., Van der Speck, H., Grivell, L., and Jacobs, H. T. (2000). The human homologue of the yeast mitochondrial AAA metalloprotease Yme1p complements a yeast *yme1* disruptant. FEBS Lett *478*, 267-270.

Sherman, F. (2002). Getting started with yeast. Methods Enzymol *350*, 3-41.

Shimohata, N., Chiba, S., Saikawa, N., Ito, K., and Akiyama, Y. (2002). The Cpx stress response system of Escherichia coli senses plasma membrane proteins and controls HtpX, a membrane protease with a cytosolic active site. Genes Cells *7*, 653-662.

Shirihai, O. S., Gregory, T., Yu, C., Orkin, S. H., and Weiss, M. J. (2000). ABC-me: a novel mitochondrial transporter induced by GATA-1 during eythroid differentiation. EMBO J *19*, 2492-2502.

Shotland, Y., Teff, D., Koby, S., Kobiler, O., and Oppenheim, A. B. (2000). Characterization of a conserved alpha-helical, coiled-coil motif at the C-terminal domain of the ATP-dependent FtsH (HflB) protease of *Escherichia coli*. J Mol Biol *299*, 953-964.

Sickmann, A., Reinders, J., Wagner, Y., Joppich, C., Zahedi, R., Meyer, H. E., Schonfisch, B., Perschil, I., Chacinska, A., Guiard, B., *et al.* (2003). The proteome of *Saccharomyces cerevisiae* mitochondria. Proc Natl Acad Sci USA *100*, 13207-13212.

Siddiqui, S. M., Sauer, R. T., and Baker, T. A. (2004). Role of the processing pore of the ClpX AAA+ ATPase in the recognition and engagement of specific protein substrates. Genes Dev *18*, 369-374.

Sik, A., Passer, B. J., Koonin, E. V., and Pellegrini, L. (2004). Self-regulated cleavage of the mitochondrial intramembrane-cleaving protease PARL yields Pbeta, a nuclear-targeted peptide. J Biol Chem *279*, 15323-15329.

Singleton, M. R., Sawaya, M. R., Ellenberger, T., and Wigley, D. B. (2000). Crystal structure of T7 gene 4 ring helicase indicates a mechanism for sequential hydrolysis of nucleotides. Cell *101*, 589-600.

Smith, G. R., Contreras-Moreira, B., Zhang, X., and Bates, P. A. (2004). A link between sequence conservation and domain motion within the AAA+ family. J Struct Biol *146*, 189-204.

Snider, J., and Houry, W. A. (2008). AAA+ proteins: diversity in function, similarity in structure. Biochem Soc Trans *36*, 72-77.

Soderblom, C., and Blackstone, C. (2006). Traffic accidents: Molecular genetic insights into the pathogenesis of the hereditary spastic paraplegias. Pharmacol Ther *109*, 42-56.

Stahl, A., Moberg, P., Ytterberg, J., Pnfilov, O., Brockenhuus von Löwenhielm, H., Nilsson, F., and Glaser, E. (2002). Isolation and identification of a novel mitochondrial metalloprotease (PreP) that degrades targeting presequences in plants. J Biol Chem *277*, 41931-41939.

Stahlberg, H., Kutejova, E., Suda, K., Wolpensinger, B., Lustig, A., Schatz, G., Engel, A., and Suzuki, C. K. (1999). Mitochondrial Lon of *Saccharomyces cerevisiae* is a ring-shaped protease with seven flexible subunits. Proc Natl Acad Sci USA *96*, 6787-6790.

Steel, G. J., Harley, C., Boyd, A., and Morgan, A. (2000). A screen for dominant negative mutants of SEC18 reveals a role for the AAA protein consensus sequence in ATP hydrolysis. Mol Biol Cell *11*, 1345-1356.

Steglich, G., Neupert, W., and Langer, T. (1999). Prohibitins regulate membrane protein degradation by the *m*-AAA protease in mitochondria. Mol Cell Biol *19*, 3435-3442.

Suno, R., Niwa, H., Tsuchiya, D., Zhang, X., Yoshida, M., and Morikawa, K. (2006). Structure of the Whole Cytosolic Region of ATP-Dependent Protease FtsH. Mol Cell *22*, 575-585.

Suzuki, C. K., Suda, K., Wang, N., and Schatz, G. (1994). Requirement for the yeast gene LON in intramitochondrial proteolysis and maintenance of respiration. Science *264*, 273-276.

Tatsuta, T., Augustin, S., Nolden, M., Friedrichs, B., and Langer, T. (2007). *m*-AAA protease-driven membrane dislocation allows intramembrane cleavage by rhomboid in mitochondria. EMBO J *26*, 325-335.

Tatsuta, T., and Langer, T. (2007). Studying proteolysis within mitochondria. Methods Mol Biol *372*, 343-360.

Tatsuta, T., Model, K., and Langer, T. (2005). Formation of membrane-bound ring complexes by prohibitins in mitochondria. Mol Biol Cell *16*, 248-259.

Tauer, R., Mannhaupt, G., Schnall, R., Pajic, A., Langer, T., and Feldmann, H. (1994). Yta10p, a member of a novel ATPase family in yeast, is essential for mitochondrial function. FEBS Lett *353*, 197-200.

Thompson, M. W., and Maurizi, M. R. (1994). Activity and specificity of Escherichia coli ClpAP protease in cleaving model peptide substrates. J Biol Chem *269*, 18201-18208.

Thorsness, P. E., and Fox, T. D. (1993). Nuclear mutations in *Saccharomyces cerevisiae* that affect the escape of DNA from mitochondria to the nucleus. Genetics *134*, 21-28.

Thorsness, P. E., White, K. H., and Fox, T. D. (1993). Inactivation of *YME1*, a member of the ftsH-SEC18-PAS1-CDC48 family of putative ATPase-encoding genes, causes increased escape of DNA from mitochondria in *Saccharomyces cerevisiae*. Mol Cell Biol *13*, 5418-5426.

Tomoyasu, T., Gamer, J., Bukau, B., Kanemori, M., Mori, H., Rutman, A. J., Oppenheim, A. B., Yura, T., Yamanaka, K., Niki, H., *et al.* (1995). Escherichia coli FtsH is a membrane-bound, ATP-dependent protease which degrades the heat-shock transcription factor σ^{32}. EMBO J *14*, 2551-2560.

Towbin, H., Staehelin, T., and Gordon, J. (1979). Electrophoretic transfer of proteins from polyacrylamide gels to nitrocellulose sheets: procedure and some applications. Proc Natl Acad Sci U S A *76*, 4350-4354.

Tzagoloff, A., Yue, J., Jang, J., and Paul, M. F. (1994). A new member of a family of ATPases is essential for assembly of mitochondrial respiratory chain and ATP synthetase complexes in *Saccharomyces cerevisiae*. J Biol Chem *269*, 26144-26151.

Vallee, B. L., and Auld, D. S. (1990). Zinc coordination, function, and structure of zinc enzymes and other proteins. Biochemistry *29*, 5647-5659.

Van Dyck, L., Dembowski, M., Neupert, W., and Langer, T. (1998). Mcx1p, a ClpX homologue in mitochondria of *Saccharomyces cerevisiae*. FEBS Lett *438*, 250-254.

Van Dyck, L., Neupert, W., and Langer, T. (1998). The ATP-dependent PIM1 protease is required for the expression of intron-containing genes in mitochondria. Genes Dev *12*, 1515-1524.

Van Dyck, L., Pearce, D. A., and Sherman, F. (1994). *PIM1* encodes a mitochondrial ATP-dependent protease that is required for mitochondrial function in the yeast *Saccharomyces cerevisiae*. J Biol Chem *269*, 238-242.

Wagner, I., Van Dyck, L., Savel´ev, A., Neupert, W., and Langer, T. (1997). Autocatalytic processing of the ATP-dependent PIM1 protease: Crucial function of a pro-region for sorting to mitochondria. EMBO J *16*, 7317-7325.

Walker, J. E., Saraste, M., Runswick, M. J., and Gay, N. J. (1982). Distantly related sequences in the alpha- and beta-subunits of ATP synthase, myosin, kinases and other ATP-requiring enzymes and a common nucleotide binding fold. Embo J *1*, 945-951.

Wang, J., Hartling, J. A., and Flanagan, J. M. (1997). The structure of ClpP at 2.3 A resolution suggests a model for ATP-dependent proteolysis. Cell *91*, 447-456.

Wang, J., Song, J. J., Franklin, M. C., Kamtekar, S., Im, Y. J., Rho, S. H., Seong, I. S., Lee, C. S., Chung, C. H., and Eom, S. H. (2001). Crystal structures of the HslVU peptidase-ATPase complex reveal an ATP-dependent proteolysis mechanism. Structure (Camb) *9*, 177-184.

Wang, Z. G., and Ackerman, S. H. (1998). Mutational studies with Atp12p, a protein required for assembly of the mitochondrial F1-ATPase in yeast. Identification of domains important for Atp12p function and oligomerization. J Biol Chem *273*, 2993-3002.

Weibezahn, J., Schlieker, C., Bukau, B., and Mogk, A. (2003). Characterization of a trap mutant of the AAA+ chaperone ClpB. J Biol Chem *278*, 32608-32617.

Xia, D., Esser, L., Singh, S. K., Guo, F., and Maurizi, M. R. (2004). Crystallographic investigation of peptide binding sites in the N-domain of the ClpA chaperone. J Struct Biol *146*, 166-179.

Xiao, J., Xia, H., Yoshino-Koh, K., Zhou, J., and Xu, Z. (2007). Structural characterization of the ATPase reaction cycle of endosomal AAA protein Vps4. J Mol Biol *374*, 655-670.

Yaffe, M. P., and Schatz, G. (1984). Two nuclear mutations that block mitochondrial protein import in yeast. Proc Natl Acad Sci USA *81*, 4819-4823.

Young, L., Leonhard, K., Tatsuta, T., Trowsdale, J., and Langer, T. (2001). Role of the ABC transporter Mdl1 in peptide export from mitochondria. Science *291*, 2135-2138.

Zhao, Q., Wang, J., Levichkin, I. V., Stasinopoulos, S., Ryan, M. T., and Hoogenraad, N. J. (2002). A mitochondrial specific stress response in mammalian cells. EMBO J *21*, 4411-4419.

7 Abkürzungsverzeichnis

Ø	Durchmesser
AAA	„ATPases Associated with a variety of cellular Activities“
ASCE	„Additional Strand Catalytic E“
ADP	Adenosindiphosphat
ATP	Adenosintriphosphat
AM	Außenmembran
Asp	Aspartat
Å	Ångström
CFTR	„Cystic Fibrosis Transmembrane conductance Regulator”
Cryo-EM	Cryo-Elektronenmikroskopie
Da	Dalton
DMSO	Dimethylsulfoxid
DTT	Dithiothreitol
e^-	Elektron
E. coli	*Escherichia coli*
EDTA	Ethylendiamintetraacetat
ERAD	„Endoplasmic Reticulum Associated protein Degradation”
ESI	Elektrospray-Ionisation
g	Erdbeschleunigung
GAP	„GTPase-Aktivator Proteinen”
Glu	Glutaminsäure
Gly	Glycin
GTP	Guanosintriphosphat
h	Stunde(n)
HA	Hämagglutinin-(HA)-Epitop)
HCl	Salzsäure
HSP	hereditäre spastische Paraplegie
IgG	Immunglobulin G
IMP	Innenmembranpeptidase
IMR	Intermembranraum
KCl	Kaliumchlorid
kDa	Kilodalton
keV	Kiloelektronenvolt
KG	Kinase-GTPasen
KH_2PO_4	Kaliumdihydrogenphosphat
Km	Michaeliskonstante
kV	Kilovolt
LPS	Lipopolysaccharid
M	Mol pro Liter

MDa	Megadalton
mg	Milligramm
$MgCl_2$	Magnesiumchlorid
MIP	mitochondriale Intermediat-Peptidase
Mm	Millimeter
$MgSO_4$	Magnesiumsulfat
MPa	Megapascal
MPP	mitochondriale Prozessierungspeptidase
m/z	Masse/Ladungsquotienten
µl	Mikroliter
min	Minute(n)
ml	Milliliter
mM	Millimol pro Liter
NaCl	Natriumchlorid
Ni	Nickel
nl	Nanoliter
nm	Nanometer
OD_{600}	Optische Dichte bei einer Wellenlänge von 600 nm
PAGE	Polyacrylamid-Gelelektrophorese
PCR	Polymerase-Kettenreaktion („Polymerase Chain Reaction")
Phe	Phenylalanin
pmol	Picomol pro Liter
PMSF	Phenylmethylsulfonylfluorid
RT	Raumtemperatur
s	Sekunden
S. cerevisiae	*Saccharomyces cerevisiae*
SDS	Natrium-Dodecylsulfat
SRH	„Second Region of Homology"
T. maritima	*Thermotoga maritima*
T. thermophilus	*Thermus thermophilus*
TIM	„Translocase of the Inner Membrane"
TCA	Trichloressigsäure
TFA	Trifluoressigsäure
TOM	„Translocase of the Outer Membrane"
Tris	2-Amino-2-(hydroxymethyl)-1,3-propandiol
U	„Unit(s)"
Upm	Umdrehungen pro Minute
UPR^{mt}	mitochondriale „Unfolded Protein Response"
V_{max}	maximale Umsatzgeschwindigkeit
v/v	Volumen pro Volumen
w/v	Gewicht pro Volumen

8 Anhang

Tabelle 8.1: Identifizierte Peptide. Läufe; Anzahl der Experimente, in denen die jeweiligen Peptide identifiziert werden konnten.

Protein	Peptide	Läufe
Aco1	IGVGGADAVDVMAGRPWEL	2 von 4
	SPKDIILKL	4 von 4
	KEVAVANNWP	1 von 4
	NPDDRIDILGLAEL	3 von 4
	NPDDRIDILGL	3 von 4
	PDDRIDILGL	1 von 4
Atp14	EPIEEDWLVLD	1 von 4
	DWLVLDDAEETKESH	1 von 4
Atp17	SSKNIGSAPNAK	1 von 4
	SLPQGPAPAIKANT	1 von 4
	FDGDNASGKPLWHF	1 von 4
	DGDNASGKPLWHF	1 von 4
	DGDNASGKPLWH	1 von 4
Atp18	KRFPTPILK	1 von 4
	FPTPILK	1 von 4
	AADLSSNTKEFINDP	2 von 4
	AADLSSNTKE	1 von 4
Atp19	GAAYHFMGK	2 von 4
	IPPHQLAIGTLG	2 von 4
	PPHQLAIGTLGL	1 von 4
	LLVVPNPFKSAKPKTV	2 von 4
	LVVPNPFKSAKPKTV	1 von 4
Atp3	TNELVDIITGASSLG	1 von 4
	NELVDIITGASSLG	1 von 4
Atp4	TPEKQTDPK	1 von 4
	INDESILLLT	3 von 4
	SEIEQLLSKLK	3 von 4

Atp7	RPFDELTVDDLTK	4 von 4
	RPFDELTVDDLT	4 von 4
	RPFDELTVDDL	3 von 4
	RPFDELTVDD	2 von 4
Cob	VSNPTIQR	2 von 4
	SPNTLGHPDN	1 von 4
Cor1	ATAVATPKAEVTQLS	2 von 4
Cox1	IGATDTAFPRINN	4 von 4
	IPTGIKIFS	1von 4
	APDFVESNTIFNLN	4 von 4
Cox12	ADQENSPLHTV	4 von 4
Cox2	FQDSATPNQEGILELH	1 von 4
	FQDSATPNQEGILEL	2 von 4
	FQDSATPNQEGILE	1 von 4
	QDSATPNQEGILEL	4 von 4
	DSATPNQEGILEL	1 von 4
	SKNPIAYK	2 von 4
	HGQTIEVIWT	1 von 4
	DEVISPAMTI	2 von 4
	YEYSDFINDSGETVE	1 von 4
	DSGETVEFESYVIP	2 von 4
	ESYVIPDELLEEGQLRLL	3 von 4
	ESYVIPDELLEEGQLRL	1 von 4
	ESYVIPDELLEEGQL	3 von 4
	IPDELLEEGQLRLL	4 von 4
	IPDELLEEGQLRL	3 von 4
	IPDELLEEGQLR	3 von 4
	IPDELLEEGQL	4 von 4
	DELLEEGQLRLL	4 von 4
	DELLEEGQLRL	4 von 4
	DELLEEGQL	4 von 4
	RLLDTDTSMVVPVDT	3 von 4
	LLDTDTSMVVPVDTHI	2 von 4
	LDTDTSMVVPVDTHI	4 von 4
	DTDTSMVVPVDTHIR	1 von 4
	DTDTSMVVPVDTHI	2 von 4
	DTDTSMVVPV	2 von 4

	VPVDTHIRF	4 von 4
	VPVDTHIR	3 von 4
	TAADVIHDFAIPSLG	2 von 4
	TAADVIHDFAIP	4 von 4
	TAADVIHD	1 von 4
	TAADVIHDF	2 von 4
	ADVIHDFAIPSLG	3 von 4
	DVIHDFAIPSLGI	1 von 4
	DVIHDFAIPSLG	4 von 4
	DVIHDFAIP	4 von 4
	IKVDATPGRLNQ	4 von 4
	IKVDATPGRLN	3 von 4
	IKVDATPGRL	3 von 4
	KVDATPGRLN	1 von 4
	VDATPGRLNQVSALIQ	1 von 4
	MPIKIEAVSLPK	2 von 4
	MPIKIEAVSLP	4 von 4
Cox3	DIVAEATYLGDHTMA	4 von 4
	DIVAEATYLGDH	2 von 4
	HSAMSPDVTLGACWPPVGIEA	1 von 4
	SPDVTLGACWPPVGIEA	4 von 4
	IEAVQPTELPLLNT	2 von 4
	IEAVQPTELPLLNTIIL	1 von 4
	IEAVQPTELPLL	1 von 4
	VQPTELPLLNTIILL	1 von 4
	QPTELPLLNTIIL	1 von 4
	QPTELPLLNT	1 von 4
Drs1	SLSLSRPVLK	2 von 4
Glt1	DDLLSKTANLVP	3 von 4
Grx5	EGIKEFSEWPTIPQ	3 von 4
	VPEEEEETKDR	4 von 4
	PEEEEETKDR	1 von 4
Gut2	MTSQGDRPLVHN	1 von 4
	TSQGDRPLVHN	4 von 4
	TSQGDRPL	3 von 4
	SQGDRPLVHN	2 von 4
	DPSYMVQFPTAAPPQVSR	1 von 4
	VLAGTTDIPLK	3 von 4

	EDVLSAWAGVRPLV	1 von 4
	ESMENKLPLSL	2 von 4
	TPLDFLLR	3 von 4
	DAKEALNAVHATV	2 von 4
Idh1	IPGDGVGKEITDS	1 von 4
	TPADQTGHGSL	3 von 4
	TPADQTGHG	3 von 4
	IPDIDLIVIR	2 von 4
	TPSMYGTILGNIGAA	1 von 4
Ilv2	TPMADAFADGIPMVVF	2 von 4
	DAFADGIPMVVF	1 von 4
	SVEELPLRINE	1 von 4
Img2	NDLQEQLPFIPK	3 von 4
	KGNAVEAVK	2 von 4
Kgd2	QGVAARENSSEETA	1 von 4
	VSKAQEPPVAS	1 von 4
	SKAQEPPVAS	1 von 4
Mpm1	TEKIYFDDGTVDIT	1 von 4
	HKVVSVDEDN	2 von 4
Mrh1	APKAPVASPRPA	4 von 4
	PKAPVASPRPA	1 von 4
Mrp4	VPEDEILPELK	2 von 4
Nde1	EDKKVI	1 von 4
	EDKKVILQK	4 von 4
	EDKKVILQ	2 von 4
	REANPSTQVPQSDTFPNGSKR	3 von 4

	NLDTTLYNVVVVSP	4 von 4
	TPLLPSTPVGTIELK	4 von 4
	TPLLPSTPVGTIEL	4 von 4
	LPSTPVGTIELK	2 von 4
	TPVGTIELK	1 von 4
	YEAEAYDVDPENKTIKV	3 von 4
	YEAEAYDVDPENKTI	1 von 4
	AEAYDVDPENKTIKV	1 von 4
	AEAYDVDPENKTI	1 von 4
	SSAKNNDYDLDLK	4 von 4
	NDYDLDLK	1 von 4
	VGVGAQPNTFGTPGVYE	1 von 4
	KEISDAQEIRL	1 von 4
	EISDAQEIRL	4 von 4
	SSIEKAASLSP	2 von 4
	SIEKAASLSP	4 von 4
	DPERARLLSF	1 von 4
	DYVDQDLR	4 von 4
	KEIKVTLVE	1 von 4
	TLVEALPNILNM	2 von 4
	TLVEALPN	1 von 4
	DKYLVDYAQDLFK	1 von 4
	DKYLVDYAQDLF	1 von 4
	QDLFKEEKIDLRL	2 von 4
	DLFKEEKIDL	2 von 4
	KEEKIDLRL	4 von 4
	EEKIDLRL	2 von 4
	VKKVDATTITA	1 von 4
	KKVDATTITA	1 von 4
	KTGDGDIENIPYGVLV	4 von 4
	TGDGDIENIPYGVLVW	3 von 4
	TGDGDIENIPYGVLV	4 von 4
	TGDGDIENIPYGVL	1 von 4
	TGDGDIENIPY	4 von 4
	ATGNAPREVSK	3 von 4
	ATGNAPREVS	3 von 4
	TGNAPREVSKNLMT	1 von 4
	TGNAPREVSKNL	1 von 4
	TGNAPREVSK	1 von 4
	TGNAPREVS	1 von 4
	GNAPREVSK	1 von 4

	TKLEEQDSR	4 von 4
	KLEEQDSR	2 von 4
	LEEQDSR	1 von 4
	IDNKLQLLGA	1 von 4
	IDNKLQLLG	1 von 4
	DNKLQLLGA	1 von 4
	QEGEYLAQYFK	1 von 4
	AKDDSEVARL	1 von 4
	KDDSEVARLKNQIV	3 von 4
	KDDSEVARL	2 von 4
	TQSQIEDFKYNH	1 von 4
	TQSQIEDFKYN	1 von 4
	QIEDFKYNH	4 von 4
	IGSDKAIADLAVGEAKY	3 von 4
	IGSDKAIADLAVGEA	1 von 4
	IGSDKAIADLA	3 von 4
	AIADLAVGEAKY	1 von 4
	ADLAVGEAKY	4 von 4
	DLAVGEAKY	4 von 4
	VGEAKYRLAG	1 von 4
Nde1/Nde2	VVGGGPTGVEFAAEL	2 von 4
	VVVGGGPTGVEFAAEL	2 von 4
Ndi1	ASTRSTGVENSGAGPT	2 von 4
Om45	QGIKEDALSLK	1 von 4
	QGIKEDALSL	1 von 4
	VSQKAREEAPKVT	1 von 4
	AREEAPKVTK	2 von 4
	VISPEEDAQTR	1 von 4
	ISPEEDAQTR	1 von 4
	KRFEEAVDRNE	2 von 4
	FEEAVDRNE	1 von 4
	RDFNELSDKLDQQE	1 von 4
	KNNTGDANTEEAAA	1 von 4
	GLEGWGETAAQLS	1 von 4
Pma1/Pma2	VLEFHPFDPVSK	3 von 4

	HPFDPVSK	2 von 4
Qcr2	DKFTDGGLFTL	3 von 4
Qcr7	AQEDVPYLLPYILE	2 von 4
Rim1	IGSEFTEHTSANNN	2 von 4
Rip1	IPAYEFDGDKVIVG	3 von 4
Rsm28	STSVTEDFINSILA	1 von 4
	STSVTEDFINSILAR	2 von 4
	VEDDLLDVFNS	1 von 4
	VEDDLLDVFNSS	1 von 4
Sas3	IDDLIHSQFV	2 von 4
Sdh3	GVSGLLGLGLTTEK	4 von 4
	GLLGLGLTTEK	1 von 4
Sdh4	EKIFALSVVPLAT	1 von 4
	FGIYKLETENDGVVGLVK	1 von 4
	GIYKLETENDGVVG	1 von 4
	ETENDGVVGLVK	1 von 4
	KSLWDSSEKDN	1 von 4
Snq2	SKVESFADALSR	3 von 4
	VESFADALSR	4 von 4
	PRTAEEFET	1 von 4
Stf1	SDGPLGGAGPGNPQDIFIKR	3 von 4
	SDGPLGGAGPGNPQDIFIK	3 von 4
	KLENLENKINNLSK	1 von 4
	LENLENKINNLSK	4 von 4
	ENLENKINNLSK	4 von 4
Tim11	ERVILNAVESLKEAST	3 von 4
	AVESLKEAST	1 von 4

Tim12	VAKEIADDSKK	3 von 4
Ybr230c	TTAGALGLLTLDGIISK	2 von 4
Ycl049c	TFEEEEEE	3 von 4
	FEEEEEEET	2 von 4
Yjl200c	DLDGTEYDIPGLMM	2 von 4
Yjr039w	GESTFMPLFL	3 von 4
Ykr078w	SLDEVIRANSE	4 von 4
Ylr326w	NRPPVTAPPAPA	4 von 4
Ylr356w	ASASLITSTTPLEVLTGSLTPTLTTL	3 von 4
	SASLITSTTPLEVLTGSLTPTLTTL	3 von 4
	ITSTTPLEVLTGSLTPTLTTLK	4 von 4
	ITSTTPLEVLTGSLTPT	2 von 4
	ITSTTPLEVLTGSLTP	1 von 4
	ITSTTPLEVLTGS	1 von 4
	TSTTPLEVLTGSLTPTLTTLK	1 von 4
	STTPLEVLTGSLTPTLTTLK	4 von 4
	STTPLEVLTGSLTPTLTT	1 von 4
	TTPLEVLTGSLTPTLTTL	1 von 4
	TTPLEVLTGSLTPT	2 von 4
	TPLEVLTGSLTPTLTTL	1 von 4
	TPLEVLTGSLTPTL	1 von 4
	TPLEVLTGSLTPT	3 von 4
	EVLTGSLTPTLTTL	3 von 4
	SRKYSKV	3 von 4
	SKESSLFPEDSKLA	4 von 4
	KESSLFPEDSKLAASELS	1 von 4
	KESSLFPEDSKLA	3 von 4
	ESSLFPEDSKLA	4 von 4
	FPEDSKLAASELS	1 von 4
	KPAATT	1 von 4
	SKPAEALHTGPPIHTK	1 von 4
	KPAEALHTGPPIHTK	1 von 4
	KPAEALHTGPPIHT	4 von 4
	TGPPIHTK	1 von 4
Ymr31	KDELASIFELPA	1 von 4
	DELASIFELPARF	1 von 4

	DELASIFELPA	1 von 4
	KPINEHELESINSGGAW	2 von 4
	HELESINSGGAW	1 von 4
Yro2	AEKKMPSPA	2 von 4

Printed by Books on Demand GmbH, Norderstedt / Germany